Varios autores
El libro negro de Madrid

VARIOS AUTORES

EL LIBRO NEGRO DE MADRID

Libertarias/Prodhufi

Con la colaboración de la Fundación de Estudios Municipales y Territoriales.

Primera edición: Enero, 1995

Cubierta: *Antonio Tello*
Ilustración de cubierta: *Alfredo González*

C. Lérida, 80-82
28020 Madrid
Telf.: 571 85 83 - 571 21 61
Fax: 571 84 83
I.S.B.N.: 84-7954-229-2
Depósito Legal: M-2.477-1995
Impreso en España/Printed in Spain

Autores: *Guillermo Alonso del Real*
Moncho Alpuente
Ignacio Amestoy Egiguren
Raúl del Pozo
Almudena Grandes
Antonio Guerra
Juan Madrid
Javier Maqua
Joaquín Navarro Estevan
Lourdes Ortiz
Ana Rosetti
Fanny Rubio

Ilustraciones: *Alfredo*
Fotografías: *Santalla*
Prólogo: *Pablo Castellano*
Apéndices: *Fernando Beltrán e Inma Muro*
Epílogo: *Agustín García Calvo*
Coordinación: *Guillermo Alonso del Real*

ÍNDICE

INTRODUCCIÓN

Este libro que tienes en tus manos no pretende, como muchos al uso, desvelar escabrosos misterios económicos, ni señalar como delincuentes a algunos de nuestros conciudadanos más conspicuos. No hemos dedicado nuestro tiempo, que otros lo harán cumplidamente, a rebuscar en papeles ajenos, ni a seguir oscuras tramas de poder o de dinero, que es tanto como decir poder. Sin embargo, creo que hemos alcanzado a desvelar entre todos, y cada uno por sí, alguna parte de este Madrid de nuestros pecados, éste que sigue siendo, como en tiempos de Lope: "Cárcel de la razón y del sentido, escuela de lisonjas y de engaños...". Sobre todo, de engaños, y, si por engaños entendemos vanidades, también de esas las hay en abundancia.

Los autores que han escrito en estas páginas se han acercado a Madrid desde la perspectiva de la literatura, notable fuente de conocimiento bastante puesta a un lado por todo género de ciencias sociales, y hasta por la propia literatura, que en los últimos tiempos parecía haberse refugiado, toda medrosa, en contar y comentar lo mínimo, y no osaba comparecer en los foros públicos cargada de sus muy buenas razones. *El libro negro de Madrid* no es sin embargo una rebusca de negruras, no es más que una serie de indagaciones individuales sobre una realidad que resultó presentar bastantes claroscuros, con algo más de tinieblas que de luces.

Aquí no hay más denuncia que la surgida en doce honestas perspectivas sobre aspectos mayores o menores de la ciudad en que todos vivimos, o a la que alguno acude insistentemente, porque aquí es donde, pese a quien pese, sigue habiendo más cosas que hacer y que mirar. Nadie se ha propuesto poner a nadie en la picota o subirlo a la gloria, ni mucho menos constituirse en juez de los que gobiernan o desgobiernan la ciudad. Sólo que las realidades patentes y vividas, creo yo que están aquí dichas a corazón abierto, porque todos nos hemos tomado muy en serio nuestra parte y todos hemos ejercido soberanamente el principio de libertad, que se erigió, desde su inicio, en única consigna común para el proyecto. Malo hubiera sido que, buscando la verdad y la libertad, hubiéramos arrancado con recomendaciones sobre qué escribir o cómo hacerlo. Y creo yo que todos los que han puesto la pluma sobre estas páginas coincidían en aspirar a un Madrid más verdadero y más libre.

Quien redacta esta "introducción" debe declarar, a fuer de sincero, que coordinar la edición de este libro ha sido una de las satisfacciones más grandes que ha tenido en los últimos tiempos, no demasiado prolijos, por cierto, en depararlas. La respuesta de estos escritores, ilustrador, fotógrafo, prologuista y todos los demás que han intervenido en la operación ha rebosado de algo infrecuente en los tiempos que corren: entusiasmo. Entusiasmo y generosidad en cantidades difíciles de imaginar en personas experimentadas y aún baqueteadas en un mundo de la literatura y el arte que parecía haber degenerado en almoneda de títulos, honores y dineros. Y aquí, en *El libro Negro de Madrid,* el poco honor es a repartir entre muchos, de los dineros más vale no hablar, y títulos, cada uno los suyos y sin alarde. Del resultado, los lectores juzgarán, y que sean muchos y que lo disfruten.

Personalmente he disfrutado de todas y cada una de las aportaciones, y, particularmente, de su absoluta disparidad. Son enfoques muy diversos sobre selección de referencias variopinta. No podía ser de otro modo, si pensábamos escribir sobre Madrid y sus vecinos, "la masa viviente más extraordinaria del mundo entero", a decir de George Borrow hace ya ciento cincuenta años. Y por estas páginas desfilan algunos habitantes de la ciudad, desembarazados de disfraces verbeneros y castizos, puestos ahí bien vivos y bien crudos por este grupo de escritores.

Ahí queda la pareja de atracadores atracados, con resonancias saineteras de aquella "Pareja científica" del Arniches más verdadero y legal, que hace vivir Moncho Alpuente. Y la otra pareja, trágica en verdad, de "yuppis" desgarrados sobre la autopista, que a Ignacio Amestoy le gusta el toreo tremendista y dramático. O la patética —desprotegida dice la autora— Mari, de Almudena Grandes, la Mari cruelmente urbana con su minifalda y su feo rostro pintado recubiertos de ternua. Un periodista, Raúl del Pozo, ofrece tres retazos de su personal batalla diaria, y otro, Antonio Guerra, se hace, él mismo, explorador provinciano audaz, un sevillano que se lanza a ser personaje de por sí, para que lo sean todos los miles de exploradores que corren en Madrid su aventura, llegados de los cuatro puntos cardinales. Y, como Juan Madrid y Javier Maqua sí que respiran el extraño aire del Madrid nocturno, que a muchos nos parece más Madrid, suelta el uno un esperpento con inválida, árbol, perro y con todos los símbolos de lo cercado y asediado por el duro tumulto de la noche; y el otro se sumerge en su tintero predilecto de tinta china para hablar de unos golfos con crimen y chulos y policías chulos siniestros. Joaquín Navarro, el juez que reflexiona siempre sobre la justicia y hasta la enmarca osadamente en la realidad y en la vida, sigue aquí erre que erre en lo suyo, hablándonos de un proceso estrafalario. Y cierran la lista de portada (por riguroso orden alfabético) tres mujeres bien distintas en su forma de hacer sus respectivas literaturas: Lourdes Ortiz, la que nos entrega un desplumado ángel urbano, un atormentado rebuscador de angélicas basuras por esas calles del diablo; Ana Rosetti, que ha instalado un niño en medio de toda esta fauna urbana, un niño con feria y caballitos y con la angustia inquisitiva inherente a toda infancia real y no soñada, como gran pincelada de ternura en lo negro. Y Fanny Rubio suelta el discurso desgarrado de los que fueron arrojados a la periferia que desemboca en la muerte, con canción de la Joplin al fondo.

Este libro también ofrece imágenes: la remendada menina cochambrosa de su cubierta y la ciudad desplegable hundida en la inmundicia vistas y pintadas por Alfredo, el dibujante claro y directo, y las fotos de Santalla, que penetra en el corazón de lo que retrata y luego lo suelta a bocajarro en la cubeta de revelar. Este libro ha robado también dos poemas de Fernando Beltrán, que público ya hace cinco años *Gran Vía,* una obra que desafiaba todas las modas y manierismos para irse contra la realidad de hoz y coz, contra la realidad del duro Madrid mirado desde sus entrañas.

Hemos querido ofrecer, con ayuda de Inma Muro, un pequeño recordatorio de prensa para el lector desmemoriado. Bueno es saber de qué estábamos hablando y dónde hemos tenido puestos los pies durante estos últimos años. Y se consiguió, por último, un prologuista de lujo, Pablo Castellano, el político que más quebraderos de cabeza ha procurado a los poderes romos y domésticos a base de imaginación y de lenguaje fuera de pauta. Y Agustín García Calvo, otro que tal, ha plantado su firma en la última página para sellar un himno sorprendente, pensado para un Madrid que algunos deseábamos también sorprendente antes de que nos lo convirtieran en un gigantón soñoliento con corazón minúsculo.

Este libro sale a la calle unos meses antes de que la ciudad y la comunidad tengan que volver a decidir su suerte en unas elecciones. La verdad es que podía haber salido en otro momento cualquiera; pero que conste que al *Libro Negro de Madrid* no le da miedo que le acusen de político, porque no estaría nada de mal que la política se fuera dignificando todos los días por la reflexión literaria, artística o de cualquier otra índole. A la vista está que no se dedica a la propaganda electoral; a lo sumo pide que quienes tengan que gobernarnos lo hagan teniendo en cuenta todas estas palpitantes realidades que trascienden de la acumulación de anécdotas, que se pongan a mirar nuestras realidades con la misma decencia que nosotros hemos querido usar al escribir de ellas, cada cual a su aire. Con eso nos daríamos por satisfechos.

En el capítulo de agradecimientos, necesario será mencionar a Libertarias-Prodhufi, dirigida por Carmelo Martínez y a la Fundación de Estudios Municipales y Territoriales, que preside José Luis Nieto, que se atrevieron a publicar y apoyar este curioso proyecto, y a tí, lector, te agradeceremos tu amabilidad por leer estas páginas y por gastar algo más de tiempo en reflexionar sobre ellas.

Guillermo Alonso del Real

PRÓLOGO

Por Pablo Castellano

Pare, y repare, el lector en estas nuevas formas de las eternas escenas Matritensis, productos literario costumbristas, nacidos de, en y para la Mantua Carpentanua, que así fue conocida la Villa y Corte, antes de ser bautizada como Madrid.

Llamada fue también Viseria, pues previamente al estrellado Oso tuvo, y por algo sería, la Sierpe o el Dragón como su insignia. Y para mayor realce de su historia se atribuye al heleno Rey Ocno su fundación, ochocientos años antes del nacimiento de Cristo.

Griega, romana, goda, árabe, absolutista, afrancesada autoritaria, y cuando la ocasión lo exigió hasta libertaria. Sobre todo, manchega, ha resultado ensalzada por quienes la descubrieron, lo que es lo mismo que decir que la destaparon, levantaron sus techos, o sus faldas, los diablos cojuelos que en legión la habitan, y que pareciendo criticarla, al mostrar sus vergüenzas, y airear sus vicios, la dieron personalidad.

Contrariamente ha sido maltratada por todos cuantos la disfrazaron de castiza y verbenera.

La Madre del Saber, recibió el caluroso aplauso de Baroja, cuando, según dicen, afirmo que en ella, si las putas fueran faroles, no harían falta iluminaciones, ocurrencia a la que llego tras pasear por los aledaños del salón del Prado, y extasiarse contemplando la fábrica del palacio del Duque del Infantado, que cayó bajo la piqueta modernizadora del fascio, para elevar en su lugar el mastodóntico insulto de la Sede de los Sindicatos Verticales; hoy por aquello de la desinfección, Ministerio de la Salud.

Izas, rabizas y colipoterras de las censadas por Cela tras sus excursiones a los tapadillos de la calle Alcántara, Londres,

Barbieri y Echegaray, han encontrado sucesoras. Han crecido y se han multiplicado al mismo ritmo con el que los ediles han talado acacias y castaños, eliminando plazas y glorietas, y convertido la urbe en un garage.

El destruido palacio de los Medinaceli, que adornaba una esquina de Colón, y en cuyo solar se alzan las colmenas que alojan a los nuevos zánganos, es otro testimonio del triste peaje que pagan aquellas ciudades donde los bárbaros burócratas y mandamases asientan sus reales. Y confunden progreso con derribo, y modernidad con imitación de ajenos comportamientos.

De no ser por Galdós, y de la mano de sus personajes, no sabríamos cuántas callejas y plazas, memorias y recuerdos, aventuras y desventuras tuvieron acomodo en lo que la construcción de la Gran Vía hizo desaparecer. Gran Vía de paletos, levantada más para distracción de visitantes que para vanagloria de los madrileños, en la que empezó a enseñar su sucio rostro la especulación, y que ha hecho escuela hasta el extremo de que tras su ejemplo, y loca carrera de desafueros, desaparecieren uno a uno los palacetes que jalonaban la Castellana, y se llegase al Gran Madrid que, como no podía ser de otra manera, acaba en las Torres de D. Kio (¡Ay! qué tío, ¡Ay! qué tío, qué puyazo má metío).

Reúnense en el cordel de estos pliegos, que me honro en presentar, el trabajo en su honor de un montón de vecinas y vecinos, incluso madrileños y madrileñas de origen, prestos a cuentear, que estratégicamente colocados en múltiples esquinas exhiben, cual guiñoles, ejemplares amas de casa, compadecibles delicuentes, algunos malditos, otros colgados, titiriteros varios y una rica muestra de la pasma o bofia, diablos o ángeles, putitas o madamas, para que se vean en ellos las otras cien mil caras de la ciudad que vive y que padece por ahora y siempre, y por los siglos de los siglos, el baldón de un centralismo inexistente, ocultando la belleza de su mestizaje.

Madrid, rompepelotas de sus vecinos, ha sido, si no siempre mayormente obra de forasteros, seducidos o suicidas, desde su fundación y sucesivas refundaciones, y así será hasta que esté medio acabada. Muchos vinieron huidos y al poco de llegar pugnan por escapar a su embeleso, a su adicción. En cuanto pueden ponen de manifiesto que lo que les gusta es poder ensoñarse con la fuga imposible porque saben que están irremesiblemente atrapados. Los naturales, autóctonos, indígenas, y con pedigrí de tres generaciones de "gatos", también están enganchados a su droga, y a lo más que aspiran es a escapar a la Sierra. Los que, acomodados, huyeron a vivir en las estribaciones, en poblados y urbanizaciones cuadriculadas añoran, a la vista de tanta hora perdida en el ir y en el venir, el olor a fritanga de gallineja de la calle Espoz y Mina, la colorista presencia de las coimas de las calles de la Ballesta y del Caballero de Gracia, y el ruido insoportable de la mala educación de las pandillas de yogurines, desatados en la zona de copeo de Santa Bárbara. Posiblemente esto, en versión de su época, operó de modo tan alineante en el alicantino Arniches, el salmantino Bretón y en el orgullo de Villena, Ruperto Chapí, que en su amadrileñamiento se pasaron cuatro o cinco pueblos.

En Madrid, los barrios son como pequeñas ciudades dentro de la macrociudad. Son ellos los que le dan la personalidad, y en cada uno hay signos distintivos de su patrimonialización por las diferentes tribus. A los asturianos se les frecuenta, como es lógico, en el eje que vertebra la calle Pelayo, convertida en Campoamor, con sólo cambiar de manzana. Paseando a gusto —Ay, quién pudiera— se nota la salida de uno y la entrada en otro. En su arquitectura, en sus ocupantes, sus esquinas y sus mendigos. Y sus asesinos.

Ahora los barrios aspiran a ser definidos por sus insignias complejos, centros burocráticos y comerciales. El complejo bancario, que va desde el Banco de España, antes de Mariano Rubio, a los bunkers de los cambistas de la calle Sevilla, completa la imagen del poder con el complejo político de las Cortes, y acaba su triángulo masónico con el complejo militar del Palacio de Bellavista. Mayor grafismo del intríngulis, ni a propósito. Al lado, la calle Prim, Conde de Xiquena y Almirante, son algo así como la mini-rive gauche de los madrileños. Es zoco tan concurrido de chaperos, ciegos y militares que nos trae al recuerdo estampas solanescas. Esta panorámica se cierra con el complejo judicial, del Supremo, el Tribunal Superior, La Nacional y el Consejo del Poder Judicial, acogido este último a la hospitalidad de una casa adornada con cabezas de elefantes para hacer patente la pesadez y parsimonia de la Justicia, y su correlata tentación de convertirse demasiadas veces en espectáculo circense. No muy lejos de este burocrático edificio, un ocurrente arquitecto ha adornado una fachada con lagartijas, quizás para disuadir a emigrantes andaluces de la tentación de aposentarse en esa casa.

Los antiguos juzgados de General Castaños se han ido a las afueras, que como todo el mundo sabe, para los madrileños feten, empiezan en el Bernabéu, la plaza de las Ventas, el mercado de Legazpi, el Manzanares, la casa campo, y Cuatro Caminos. Desde allí bajamos a los ventorrillos de la Dehesa de la Villa, en los que los bien situados funcionarios, comerciantes de postín, y estudiantes balarrasas acampaban al anochecer para hacer honores a toda clase de conejos, a unos con su gula, y a otros con su lujuria.

El complejo mundo del pelotazo, se ha afincado mirando a la carretera de Burgos, por si hay que salir de "naja". Empieza a vaciarse en beneficio del complejo residencial de Alcalá Meco. Donde están hoy los que en su día fueran Nuevos Ministerios y son ya viejos tinglados, por dentro y por fuera, en lo que los antiguos del lugar llamaban los Altos del Hipódromo, estuvo situado el hotel del Negro. Su dueño, indiano enriquecido, por aquello de que la mujer como el buen vino no debe tener menos de quince ni más de veinte años, casó con una jovencita que le dió la sorpresa, el día de realizarse maternalmente, de parir una criaturita, pobre de ella, negra como el carbón, o para ser más exactos en el simil como el mayordomo que desde el Caribe le había acompañado con sus cuidados solícitos, que como pudo comprobarse extendió generosamente al ama. Aún a fuer de ser tildado de racista llevóse a todos por delante. Ignoraba el sabio consejo de que más vale bombón para dos, que mierda para uno solo, o no estaba aún contaminado de las doctrinas liberadoras del colectivismo, el feminismo, y la no discriminación por razón del color cutáneo.

Casi todos los barrios-complejos de Madrid, para hacer ver que son como su reflejada España, tienen un delito, un crimen de cartelón y un buen narrador que enseñar (el añorado Lauro Olmo era el vate del barrio Pozas), con lo que competir en la lid del género negro. El crimen del baúl, o la sórdida venganza del maricón agraviado, estará para siempre unido a la calle de Hermosilla. La estanquera de Vallecas, el Jarabo de Lope de Rueda, etc. El crímen del Gran Madrid, neoyorquizado, burocrático, de acristalados nichos, para que se pueda ver a los cadáveres, son las Torres de Kio. Iniciativa que ha de cargarse en el debe de la conjunción entre el mal gusto, el mimetismo del neoparisino, el lavado de "tela marinera", y la petulancia municipal, de creer que es monumental lo que simplemente es megalomaníaco.

El reparto tiene su lógica y al humano hormigueo de la Puerta del Sol, había de acompañarle la conversión del kilómetro cero y aledaños en la gran Medina, en la que se alzan las catedrales de Mercurio, profesantes de la religión de las onomásticas y las rebajas.

Madrid es mucho más madrileño en el Rastro, en sus carteristas y vendedores de mercadillo; en el Retiro con las barcas que despertaron en los colegiales "novilleros" ansias de conquista y descubrimiento ultramarino, que contagiadas de los sueños de sus ocasionales galeotes quedaron ávidas de faenar en rías gallegas o de darse una vuelta por la fronda de Aranjuez, soñando libertades. Como soñaban selvas y sabanas sus antiguos vecinos enrejados de la casa de Fieras. El estanque invita a la diablura, bajo la mirada del cabello de Alfonso XII, y la de dos leones pétreos, primos de los de las Cortes, pero más deportistas, que no están todo el día vagueando, como lo están los guardianes parlamentarios.

El Madrid capital de provincia, tan pocas veces perceptible, sale los domingos a la Plaza Mayor a cambiar sellos y monedas, y los días de toros, y más aún en la feria de San Isidro, se reúne en los bares y tabernas de los altos de las Ventas, haciendo muchos de ellos ostentación de taurófilos, cuando no han llegado ni a entrar en el coso. Han estado fuera por si había suerte de unirse al coro de los que rodean al torero sacado a hombros; para ver que les cae cuando lo pongan, tras la paliza, en la acera de Manuel Becerra. Porque Madrid es más que presumido presuntuoso, o lo que es lo mismo presuntamente acomodado ocultando esforzadamente la penuria de su cotidiano ir pasando. Por eso gasta tanto, cuando gasta, en ornamentar el centro que es lo que se ve y se pasea, y olvida ese otro Madrid en el que vive el noventa por ciento de su población, alargándose a los vertederos a decir "agua va", aunque allí el cartel advierta que se prohibe "hacer aguas mayores y menores".

Si a los españoles en general cuando se les pregunta sobre su nacionalidad, añaden prestamente, para distinguir y evitar malentendidos eso de catalán, andaluz, vasco o extremeño, los vecinos de la Capital del reino, aclaran también, rápidamente, sí ¡eh!, pero de la Latina, Embajadores, Atocha, las Ventas o Chamberí. Los del barrio de Salamanca para dar prueba de su buena educación lo ocultan pues no les gusta avergonzar a nadie. Salvo que sean de los de la Zona Nacional, que se traen su particular pelea por hacerla autónoma.

Madrid es más Madrid en la mirada de un tabernero, de mandil rayado, presto en sacarle brillo al mostrador de zinc, y en arrancar cantarina música de cascada al agua del grifo al chocar con el usado vaso de culo gordo, en el que el vino de Arganda más que invitarte a que lo apures, te pide contemplación y conmiseración, por su escasez. Madrid es más Madrid en esa estampa del calé con órgano eléctrico, altavoces móviles, y la sempiterna cabra que "si no hay guita, no sube la escalera", atronando la calle del Dr. Fleming, esquina a la del facha Carlos Maurrás. Carlos Marx tuvo una avenida, que como es lógico, cuando recibió tal nombre fue desalojando de la placa al anterior titular. Por ello y en justo castigo a su perversidad, cuando ganaron los buenos, fue a su vez descartelado para ceder tal honor a Alfonso XIII.

Madrid tuvo tranvías, y en sus parachoques nos llevaba del caño de las fuentes del Prado, al coro del colegio, adiestrándonos en subir y en bajar en marcha —no pasar esta prueba era exponerte a figurar en el censo de los nenazas—, invitándonos a quitarle el trole para pararlo en seco y poder colgarnos como una uva más del racimo colectivo de los que no queríamos pagar, que se desparramaba por puertas y ventanas. Hoy para facilitar el tráfico, la circulación y eso tan inabarcable que se llama la viabilidad se han arrancado o sepultado sus raíles, y así el terreno que se ha ganado puede ser ocupado por la segunda fila de coches aparcados, o por dos cajones, tres tablas, las sillas, cajas o carretillas que sirven para que el comerciante sé reserve un espacio privativo de carga y descarga. O aparcamiento. Es realmente sorprendente, y sólo explicable si se han superado pruebas comparables a los trabajos de Hércules, cómo los alguaciles, guindillas, y variadas gamas de guardianes se pasean entre toda clase de obstáculos y vehículos infractores sin sentir la menor tentación de dejarse arrastrar a poner algo de orden en el quilombo. Qué liberales. La calle del Barquillo, por eso de estar cerca de la sede de la Organización de Ciegos hace de nuestros invidentes atletas de la gymcana, en permanente entrenamiento para las olimpiadas de discapacitados.

Pero no todo en Madrid es tan negro cual se describe en esta letanía de amores desgraciados y vidas errabundas, Madrid tiene la fortuna histórica de albergar en su seno la autoridad. Con todas las mayúsculas. El gobierno. Tiene Palacio Real, y a unas cuantas leguas Los Reales Sitios, el Real Monasterio y la Real Casa. Por eso cuando se quiso elegir un Presidente de la República hubieron de reunirse los malignos en un Palacio del Retiro. Para compensar tanta grandeza y remediar el sofoco que produce la alcurnia y el estirpaje, tiene más fama su monumental viaducto. Más fama y más aprovechamiento.

Para poner de manifiesto su abolengo, Madrid, tiene una Plaza del Rey, una calle de la Reina, y otra de los Reyes. A mayor abundamiento que diría su cronista tiene una calle del Príncipe y otra de la Princesa, una del Infante y otra de las Infantas. Así en genérico, pues en específico dedica cuatro a príncipes concretos, dos a princesas, otra a los Reyes Católicos, y otra calle, más su plaza, a los Magos, y son incontenibles las que llevan el nombre, uno por uno, de casi todos los coronados. Condes, marqueses, duques, barones, rivalizan en el acaparamiento de viales con los santos y santas, que se acercan a las quinientas, desde San Adolfo a San Zacarías y desde Santa Adela a Santa Virgilia. Las Santas no llegan al centenar, pues ser santa en Madrid parece ser que es más difícil. Madrid no tiene ninguna calle dedicada a Luis Candelas, ni a José María el Tempranillo, por no caer en el exceso, dadas todas las que ha rotulado con el nombre de sinvergüenzas, ladrones, especulares y golfos de toda laya. Militares y paisanos. Curiales y civiles.

Madrid sería una gloria si un día tuviera la fortuna de que algún poderoso construyera al modo la camándula de burócratas, mandamases, rabadanes, capitostes, jerifaltes, gañanes, cides, caudillos, pre bostes y excelencias se codearan y codillearan hasta hartarse, sin poder salir del ghetto, y a donde los madrileños normales pudiéramos ir de visita a ver, a estudiar, a investigar su polizoología. Caería justamente sobre esta nueva sede del vicio de mandar y del pecado de disponer todo cuanto injustamente ha tenido que soportar el poblachón manchego, y además los allí congregados que viven por sí y para sí, pero no de sí, estarían más contentos. Buen sitio sería por sus antecedentes el Monte del Pardo, aunque también sería alternativa a considerar el desierto de las Bardenas Reales o los Monegros, más cerca de Europa y de Barcelona, con lo que los catalanes dejarían de ver como centralistas a los madrileños, y saltarían de gozo, por aquello de que si aquí no está la Capital, que no esté allí tampoco.

Barcelona tiene poder, por eso no lo enseña. Madrid aparenta tenerlo porque de vez en cuando un enjambre de coches oficiales, las comitivas de protocolo, nos hacen aún más difícil el tránsito, y vemos a las puertas del Palacio de Oriente a la Guardia Real, esperando a que vayan llegando los comensales e invitados de la real familia. El Madrid de las últimas carrozas para presentación de cartas credenciales, que es algo así como el recuerdo colectivo de los soldaditos de plomo.

En otras capitales europeas no se nota la presencia de los monarcas, presidentes, ministros, ministrables y banqueros. Aquí además de notarse se siente, y aún quedan madrileños que cuando saben de sus desplazamientos, idas y venidas, esperan en las aceras para imaginar que han visto, tras el opaco cristal, a la personalidad del momento. Porque está muy bien visto, y da prestigio presumir de haberse tropezado con éste o aquél otro popular, así por casualidad, como el que no quiere la cosa, pues a quien nos escucha cuando le hacemos partícipe de nuestra emoción, se le induce a pensar que ello es lógico porque se frecuentan los mismos ámbitos. O te das importancia, y a valer, o serás siempre un donnadie. A continuación, paisano, deleítese con el regalo que le ofrecen, al lado de unos madrileños de casta, otros madrileños almerienses, conquenses, pamplonicas, vascos, sevillanos, gaditanos y ultramarinos que unen su esfuerzo al de tantos y tantos que sólo por el hecho de vivir aquí le han dado a nuestro Madrid ingente categoría y merecida fama.

EL LIBRO NEGRO DE MADRID

EL ESPANTABLE Y TRISTE CASO DEL CONCELUPO

Por Guillermo Alonso del Real

Nunca se llegaron a dilucidar las causas de la extraña enfermedad. Por mucho interés que puso toda una legión de especialistas muy bien pagados con cargo a las arcas del municipio, no fue posible averiguar cómo un concejal del Distrito Centro había podido llegar a contraer la licantropía en un grado tan agudo y pernicioso.

El trabajo de los expertos, conducido por un extenso programa informático, que se llamaba "Master-Wolf" y había sido elaborado ex-profeso en Baviera, se centró inicialmente en el análisis de restos orgánicos acreditadamente adquiridos en el rastro del concelupo, que así se decidió denominar al especimen, tras vencer algunas reticencias de los puristas, poco amigos de admitir un neologismo más en el rico acerbo de la parla castiza, que ya reputaban excesivamente contaminada por expresiones malsonantes, como "tronco/a", "movida" y "cágate, lorito". En concelupo quedó la cuestión y concelupo fue llamado por los expertos, primero, y posteriormente por todo el pueblo de Madrid, siempre permeable a la innovación lingüística y a las modas en general.

El rastro orgánico del infeliz mutante pudo ser detectado con facilidad, pese a tratarse de un rastro viejo, gracias a la fetidez característica del lobishom, hombre lobo o lincántropo, que adquiere, por lo visto, un especial relieve y se reviste de peculiares y muy desagradables matices olfativos, cuando se origina una versión municipal de la especie, fenómeno que sólo acontece, por fortuna, cada dos o tres centurias; un poco como lo del malhadado cometa Haley. Las muestras que más llegaron a apreciar los científicos olían, por consiguiente, muy mal, lo que no impidió que todos celebrasen con júbilo su autentificación por el escáner y también por el testimonio directo de una puta de la calle Orense y por varios clientes asiduos a cierto bingo de la Arganzuela. La tecnología punta y el testimonio popular fueron coincidentes en reputar por cierto que toda aquella porquería tenía como cierta procedencia el organismo enfermo del mismísimo Orencio Mondongo. La verdad es que tampoco tenían que habérselas prometido tan felices, porque al final no pudieron averiguar las causas de la dolencia; pero, por lo menos, ese rato de optimismo y buen humor que disfrutaron, pues también los expertos y analistas tienen un corazón capaz de sufrir y de alegrarse.

El Orencio Mondongo, que es como se llamó en la parte humana de su existencia el famoso concelupo, había dejado unos buenos goterones de semen en las sábanas de raso simulado propiedad de la Natacha, cuyo cuco apartamento, provisto de vídeo y bar americano, había visitado, según pruebas fehacientes, el sujeto, con quien se ocupaba periódicamente la inquilina, una profesional consciente, seria e higiénica, a decir de todos sus cabritos y colegas del bar. Las declaraciones de esta ciudadana arrojaron una luz inestimable sobre el arduo proceso investigador, ya que explicó sumamente excitada ante la comisión que todos sus esfuerzos por limpiar aquellos abrasivos residuos habían sido en vano, lo que había hecho necesario almacenar las sábanas color magenta, sus preferidas, al parecer:

—Si el hijoputa vuelve por aquí, va a irse a follar con su hermana, me cago en la leche.

Con esta airada y violenta expresión finaliza la grabación digital que se incorporó al inventario. El testimonio Natacha adolecía de algunas deficiencias, como el imperdonable olvido de la fase de la luna y el exceso de detalles innecesarios sobre la vida privada de la testigo, quien realiza largos excursos para explicar aspectos innecesarios de su cotidianeidad, tales como la buena educación de que estaba dotando a una hija pequeña, interna en unas monjas de Valladolid. En cambio, aparte de su incapacidad para responder a la pregunta de si el encuentro con el concelupo había acaecido o no en noche de luna llena, tampoco era capaz de recordar ninguna peculiaridad en la conducta amatoria del ejemplar:

—Pues, como todos, digo yo: mucho ruido y pocas nueces... Lo de la peste, sí que me acuerdo; pero yo mayormente le eché la culpa a los calcetines. Eso pasa mucho con los tíos. ¿Sabe usted, señorita? Yo no sé con usted, pero... (corte técnico del laboratorio).

La analítica ratificó de plano los datos aportados por el testimonio oral: se trataba sin lugar a dudas de esperma de licántropo de la variedad "munícipe alfa", según corroboró el informe comparativo del archivo genético de Brighton, único centro poseedor de muestras fiables de esa rara sustancia. La datación del producto arrojó un nuevo dato significativo: Orencio Mondongo había yacido con aquella mujer en la misma noche de plenilunio y pocas horas antes de su desaparición definitiva. El concelupo, antes de sumirse en el infierno a través de las obras de la línea 10 del ferrocarril metropolitano, se había ido tranquilamente de putas. Todos estos alentadores avances no permitían, sin embargo, aproximarse a ninguna respuesta sobre el motivo central de la pesquisa: ¿Cómo había contraído el concejal conservador aquella extraña dolencia? ¿Por qué vía, genética o de contagio, había devenido Orencio Mondongo, edil del Distrito Centro, en concelupo?

El segundo vestigio físico, un tapete de juego hecho trizas, pudo ser localizado, como dicho queda, en un bingo de la Arganzuela. Esta vez los testimonios presenciales eran mucho más numerosos, y todos coincidían en aseverar que Orencio Mondongo había perpetrado semejante destrozo en pocos segundos, tras ingerir doce cartones de apuestas, aparentemente presa de un violento acceso de furia:

—Otras veces le habíamos visto cabreado, pero ¡Jolín! ¡De menuda leche que venía cuando lo de los cartones y el mantel!

La grabación transcrita pertenece a la cinta "Bingo 14", y el testimonio fue aportado por el camarero del establecimiento. Otros testigos aportan detalles poco relevantes, pero también registrados como cautela:

—El pobre hombre no había cantado línea en toda la noche y se le veía algo nervioso. También es que se había tomado no sé cuántos güisquis, y el alcohol altera mucho. Mi hermana y yo, como tenemos la tensión tan alta, sólo tomamos tila en el bingo. Fíjese usted que el médico de cabecera, don Angel, cuando fuimos las dos la semana pasada... (corte técnico del laboratorio).

Pero el terrible acceso de cólera, atribuido por esta señora a un desencanto normal por mala suerte en el juego, correspondía, sin lugar a dudas, a las primeras convulsiones previas a la mutación nocturna de un hombre lobo. Los destrozos causados en el tapete habían sido inferidos, según la prueba pericial correspondiente, por unas garras extraordinariamente afiladas, y el fieltro presentaba abundantes residuos orgánicos impregnados por doquier. La minuciosa reconstrucción de los hechos por parte de la comisión coincidía plenamente con la versión aportada por personal y clientela del bingo:

— Orencio Mondongo se sienta, tras depositar su proverbial garrote claveteado y su revólver en el vestuario, y pide a grandes voces seis cartones y un güisqui doble.

— No obtiene premio alguno, golpea la mesa con los puños (el fieltro aparece fuertemente machacado en toda su superficie) y solicita nuevos cartones y más bebida.

— La operación se repite un mínimo de seis veces. Orencio Mondongo va estando progresivamente excitado, por lo que se hurga las narices contínuamente y adhiere las mucosidades en el borde del tapete (el laboratorio analizó estos productos y constató su autenticidad).

— El concelupo (pues la mutación ya se ha producido prácticamente) continúa pidiendo cartones y güisqui. Emite abundantes espumarajos por la boca, en tanto que sus orejas y pescuezo van poblándose de cerdas erizadas (abundantes muestras identificadas por la analítica).

— Una sóla frase articulada se testifica por varios de los sujetos encuestados: "¡El chache hoy canta bingo por cojones¡". En la fase inmediatamente posterior, el concelupo entra en crisis de manera definitiva. Es entonces cuando devora todos los cartones de la mesa y la emprende a zarpazos con el tapete, que acaba reducido a jirones.

— Orencio Mondongo, o el concelupo, abandona la sala a brincos, derribando a su paso una multitud de objetos y personas.

En el descrito estadio de la investigación resultaba sorprendente constatar que ninguno de los testigos pareciera haber reparado en la transformación física experimentada por el sujeto. A las preguntas directas sobre este particular, las respuestas reflejan algo de desconcierto:

—¿Raro?... Algo raro sí que lo noté; bueno, lo que pasa es que una procura no fijarse mucho en la pinta de los clientes. Pasa cada uno, que para qué le voy a contar...

—Hombre, yo qué sé... Algo más feo de lo normal; pero no se crea, no mucho más. Es que, la verdad, guapo, lo que se dice guapo, el pobre hombre...

—Verá... empeorar aquello, es que... ¿Cómo le diré?: casi imposible.

Conclusión: aquella fría noche de diciembre Orencio Mondongo, concejal conservador del Distrito Centro, había vuelto a convertirse en concelupo y, a lo largo de su mutación, había perdido algunos miles de pesetas en el bingo, se había marchado de putas y, posteriormente, se había sumido en el infieno a través de las obras de la línea 10 del metro. Todo ello quedaba constatado con absoluta precisión, pero: ¿Cómo había contraído el concelupo su terrible enfermedad? ¿Cuándo habían comenzado a aparecer los primeros síntomas? Estas y otras oscuras lagunas seguían constituyendo importantes retos para la comisión investigadora contratada por el burgomaestre Zoilo Merengado, angustiadísimo a la sazón por las presumibles repercusiones políticas de un hecho tan anómalo sobre la imagen de su equipo de gestión municipal.

En efecto, el honrado pueblo de Madrid andaba agitado a cuenta de las fechorías cometidas por el concelupo durante los últimos meses, y había dado en exigir al burgomaestre algunas explicaciones, lo que éste atribuía a maliciosa conjura urdida por sus encarnizados y envidiosos detractores, que como él solía decir:

—Ziempre andan haciéndoze pajaz en el ojo ajeno ¡Carape! ¡Como zi controlar un bicho de eztoz fuera cozer y cantar! ¡Mecachiz!

El atribulado y agobiadísimo Zoilo Merengado conminó, pues, a la comisión a que acelerase al máximo sus trabajos. El objetivo principal era convocar cuanto antes a todos los cronistas de la Villa y Corte, y, explicarles cómo es que un concelupo de la peor especie había andado suelto por calles y plazas haciendo de las suyas durante todo aquel tiempo, cómo no había sido recogido oportunamente por los empleados de la perrera municipal, y otros extremos de difícil comprensión para la mollera —a su juicio bien obtusa— de la plebe urbana, como qué había acontecido exactamente en algunos oscuros y funestos episodios, cuales fueron el del progrom de los cómicos y el de la crucifixión de los artesanos callejeros. Entre tanto, el buen edil pasaba las horas en un pequeño y recoleto oratorio de la Casa de la Villa, donde habían hecho instalar la devotísima imagen de San Cucufato con su dorado cordón ceñido a las partes pudendas. Allí se entregaba a la plegaria más devota y a la áspera penitencia, lo que llevaba a efecto en medio de caudaloso llanto, ya que le había sido concedido el don de lágrimas por el Espíritu.

Los investigadores, apremiados así de insistentemente, decidieron de inmediato adoptar medidas extraordinarias para ir desentrañando lo principal del misterio, de entre las cuales consistió la primera en irse juntos a La Bola y atiborrarse de cocido, pasando a continuación la abultada cuenta a la Hacienda Municipal. En aquel decisivo almuerzo de trabajo se discutió acaloradamente sobre si la licantropía de Orencio Mondongo había sido adquirida en un mal paso, o, por lo contrario, venía ya bien impresa y estampada en el equipo genético del fenómeno, punto en el que existían hondas discrepancias entre los miembros del equipo, sus esposas y varios familiares, que también habían sido invitados a comer de gorra aprovechando la feliz circunstancia.

Los dos únicos casos atestiguados de licantropía municipal fueron puestos sobre el tapete a lo largo del debate. De Lycoperdon Caudato, el primero de los concelupos reseñados en la "Historia de la Licantropía Ibérica" por Marcelino Menéndez y Pelayo, se sabe que fue edil de Astúrica allá por el año trigésimo sexto, y que ya desde muy pequeño dio muestras de extrema ferocidad, lo que hace suponer que su enfermedad era de nacimiento y no tenía arreglo. El segundo ejemplar, también reseñado por el ilustre polígrafo montañés, es don Deogracias Louriño (alias "Fedyondo"), regidor que fue de la villa de Cambados entre 1615 y 1628, año en que fue exorcizado por el obispo de Mondoñedo sin éxito alguno, motivo por el cual lo supliciaron en la rueda y fue hecho cuartos por dos verdugos con los ojos vendados, para evitar el maleficio. Este concelupo gallego había dado muestras en su infancia de un caracter angelical, pero luego se ve que contrajo el mal, tan enconado, que cuando se quisieron dar cuenta tampoco tenía arreglo.

Inane y sin efecto la prueba generalmente irrefutable de los antecedentes históricos, los expertos proclamaron, haciendo gala de eclecticismo y de espíritu científico y emprendedor:

—¡A otra cosa, mariposa!

Se inició entonces una nueva y ardua etapa en el proyecto de investigación, obtenidas que fueron varias nuevas subvenciones de diversas entidades públicas y privadas, pues, como reza el conocido aforismo universitario: "Sin subvención, no hay investigación". Las pingües cantidades recaudadas se invirtieron en nuevos almuerzos de trabajo, y también en la elaboración y arranque de un nuevo programa informático: "Doctor Watson", mediante cuya aplicación sobre los datos personales y biográficos del sujeto analizado, probablemente se llegarían a aislar y organizar muy pulcramente los elementos netamente licantrópico-municipales presentes en el perfil del concelupo madrileño, el concejal del Distrito Centro don Orencio Mondongo, lo que se fue logrando con relativo éxito varios cocidos más adelante.

El sagacísimo "Doctor Watson" informó puntualmente de que el Orencio, antes de adquirir la condición funesta del concelupo, había sido de oficio jifero, escorchardor o tablajero, lo que no se llegó a precisar nunca con certeza; el caso es que degollaba, desollaba o descuartizaba reses, una de tres, o las tres faenas alternativamente. Este descubrimiento hizo conjeturar a algunos expertos que de ahí podían salirle los sanguinarios instintos de todos conocidos; mas hubo otros que replicaron con indignación que entre los de tales oficios existen personas extraordinariamente pacíficas y bonancibles y que coño con la manía de generalizar en razonamientos inductivos incompletos e imperfectos. No obstante, a lo largo de la discusión apareció un dato que a todos les pareció esperanzador por significativo:

En cierta ocasión, Orencio Mondongo, ya investido de concejalato, había sido invitado por una importante cadena de alimentación multinacional, recién instalada en el centro de Madrid, a visitar sus propios mataderos. El edil conservador quedó entusiasmado en aquella visita, pues comprobó con júbilo que los emprendedores industriales sacrificaban y trituraban todo animal que se moviera sobre dos, cuatro y hasta seis patas, lo que denotaba una superior imaginación y creatividad, y no como sucede con los restauradores clásicos, que sólo incluyen en su menú carne de vacas, cerdos y corderos. Pero —y aquí viene el dato representativo— sobrevino que, mientras inspeccionaban la nave de los cánidos, una extraña bestia de aspecto siniestro asestó una dentellada en la pantorrilla del desprevenido Orencio Mondongo. ¿Fue aquella mordedura ocasión para el contagio de licantropía? ¡Tal vez la comisión se hallaba en los umbrales de la respuesta a la gran pregunta! Lamentablemente, era ya demasiado tarde para proceder a una inspección del can agresor, pues, con el tiempo transcurrido, el animal, convertido en hamburguesas, habría sido probablemente merendado por alguna cuadrilla de adolescentes a la salida de un cine de la Gran Vía. De nuevo, enorme frustración.

No desfallecieron, sin embargo, y pasó una subcomisión a entregar a las fauces del ordenador las actas municipales, en busca de nuevos elementos que permitieran fijar alguna característica especial del ejemplar examinado, el famoso concelupo señor Mondongo. Algunas propuestas del susodicho fueron registradas y sintetizadas por la sabia máquina, como ejemplo:

Asunto: erradicación de la mendicidad, la inmigración clandestina, la prostitución incontrolada, el tráfico de drogas y la música callejera (suscitado en un paquete común por el propio burgomaestre Don Zoilo Merengado). Propuesta del concejal del Distrito Centro, Señor Mondongo: optimizar el uso de los camiones trituradores de basura, utilizándolos fuera de horario de recogida para la supresión expeditiva "de toda esa carroña" (expresión entrecomillada por "Doctor Watson").

Asunto: Campaña para el retorno a las buenas y honestas costumbres en parques y jardines, habiéndose observado multitud de parejas en actitudes deshonestas por las zonas arboladas (planteado por doña Seráfica Mitones, el Grupo Popular). Propuesta del Señor Mondongo: procédase a la tala de todas las especies arbóreas existentes en las zonas referidas (Retiro, Parque del Oeste, Casa de Campo, Dehesa de la Villa...) "y que se vayan a follar a una pensión o a donde les salga de los cojones" (también entrecomillado por el dichoso engendro informático, al que, por lo visto, no se le pasaba ni una).

Las propuestas registradas, con ser evidentemente enérgicas y hasta drásticas, no aportaban grandes adelantos a la investigación, pues no resultaban especialmente atípicas dentro de la línea general presente en las de otros concejales del equipo de gobierno. En consecuencia, los directores del programa acordaron encaminar sus esfuerzos a destripar minuciosamente algunos de los episodios más brillantes y popularmente conocidos en la gestión del concelupo de marras, a fin de establecer de una vez por todas la forma específica de licantropía que padeció el desaparecido Orencio Mondongo, el concelupo. De ahí pensaban remontarse en derechura hasta las causas de la dolencia, objetivo principal de todo aquel científico calvario, con el que era preciso acabar antes de que un cocido de aquellos pusiera fuera de combate definitivamente a la mitad de la comisión de sabios.

Fueron seleccionados, por significativos, dos casos concretos: la crucifixión de los artesanos y el progrom de los cómicos. La cuestión de los artesanos de la Plaza de Santa Ana resulta más corriente, casi rutinaria, y tanto el factor preternatural como el infrahumano aparecen algo desdibujados en él. Sin embargo, no deja de presentar algunos rasgos de interés, motivo por el cual fue debidamente reconstruida y estudiada en distintas versiones, de entre las cuales parece la más fiable la que a continuación se transcribe:

Sucedió simplemente que la Asociación de Propietarios de Caniches con Pedigree protestó con toda lógica ante la autoridad municipal, pues los tenderetes artesanales instalados una vez a la semana frente al Teatro Español impedían a los animales salir a defecar con espacio y comodidad sobre las aceras de la plaza. Como se trata de animales muy sensibles, esta enfadosa circunstancia los sumía en estreñimientos prolongados, que acababan desembocando en honda depresión. Alertado Orencio Mondongo sobre el incivil comportamiento de los menestrales callejeros, ordenó armar una aguerrida tropa, bajo el mando de Atila Siroco, sargento general de los guardias de la villa, que procedió, a modo de aviso, a incendiar los puestecillos.

Es preciso realizar aquí un breve excurso para glosar la figura del mentado Atila Siroco, personaje que se asocia a menudo con la actividad de nuestro concelupo; incluso se ha planteado fundadamente la cuestión de si el aguerrido mílite no andaría también afectado de la funesta dolencia lupina. Don Atila Siroco, sargento general de guardias de la villa, fue un longevo militar, de quien se decía que a lo largo de su dilatada hoja de servicios había participado en hechos tan gloriosos como, por ejemplo, el pronunciamiento del General Pavía y la Sanjurjada. Alistado posteriormente bajo las banderas del burgomaestre Zoilo Merengado, innovó decididamente los usos y disciplina del cuerpo de guardias municipales, para cuyo régimen interno restableció medidas reglamentarias de probado éxito, como el cepo, la carrera de baquetas y el corte de pelo al cero (especialmente eficaz para corregir faltas menores de agentes femeninos). Su energía y buen hacer siempre fueron acompasados con una singular habilidad en los pequeños negocios, lo que le hizo acreedor, no sólo a varias cruces pensionadas, sino a una mención de honor otorgada por la Asociación Matritense de Especuladores Inmobiliarios.

Fue, por consiguiente el sargento general Atila Siroco quien adoptó las primeras medidas de urgencia; pero, comprobando que algunos pertinaces insistían en su innoble mercadeo, se hizo indispensable que hasta una docena de ellos fuese crucificada en el propio lugar de la fechoría, operación que dirigió personalmente el concelupo Mondongo desde una tanqueta de asalto. Algo excesiva sí que pareció esta acción punitiva, incluso al propio Zoilo Merengado, pero se hizo la vista gorda "para no buscarse complicaciones con el animal de Mondongo", y lo cierto es que de la eficacia del procedimiento dieron buena fe los muchos zurullos caninos que pronto adornaron el lugar, sustituyendo decorosamente a los cuadritos de macramé y petacas de cuero de los funestos artesanos.

Lo del teatrito de la Calle del Pez resultó cuestión de más enjundia, y centró la atención de los comisionados mucho más que el caso anterior, donde la conducta licantrópica no parecía quedar probada de lleno. Las denuncias provenían esta vez de importantes movimientos ciudadanos, como la Junta Nacional de Defensa Urbana "Fray Tomás de Torquemada" y la Unidad de Resistencia Vecinal "Héroes del Alcázar". Una comisión de ambas organizaciones se entrevistó con el concejal del distrito en un merendero de gallinejas y entresijos, con el objeto de exponerle sus protestas, que se asentaban en argumentos tan razonables, como la fundada presunción de actividades diabólicas en el interior del vecino teatrillo.

Aunque parezca mentira, el sueño de los vecinos más respetables era frecuentemente turbado por sicofonías, carcajadas sardónicas, arrastrar de cadenas, gemidos lúbricos, chisporroteo de fuegos fatuos, lamentos de précitos, llantos sobrenaturales, mugidos y bramidos de bestias salvajes, trompeteo de diablillos menores y otros sonidos expresamente desautorizados por la ordenanza municipal. Item más, la señora de un comisionado había visto con sus propios ojos salir del teatro al mismísimo Belcebú arropado en una vieja gabardina, por cuyo borde inferior asomaba la pata de cabra bien peluda y bien cascarriosa. Por si esto fuera poco, también solían pasarse por allí individuos de mal aspecto, mujeres francamente desarropadas e incluso cantautores.

La gravedad y evidencia de todos estos hechos aconsejaron la denuncia y la consiguiente acción municipal, que por naturaleza correspondía al concejal del Distrito Centro. Orencio Mondongo ordenó llamar al sargento general Don Atila Siroco y a un autorizado exorcista, se celebró un solemne Te Deum y todos partieron hacia el lugar de autos, a donde se arribó tras sortear todas las zanjas, obras desprotegidas, atascos de tráfico y demás rutinas ciudadanas. Los bomberos vaciaron a toda presión sus tanques llenos de agua bendita contra la fachada del edificio, los guardias irrumpieron en el interior, según el plan establecido, armados de hachas y antorchas, y los perreros procedieron a la captura de los infames ocupantes del local, ya en desbandada, con lazos especialmente bendecidos por el párroco de San Ginés. Encaramado al capó de un automóvil abandonado, el concelupo Mondongo aullaba a la luna llena.

"Doctor Watson" manifestó, llegado este punto, una extraordinaria agitación, puso la pantalla en blanco y empezó a emitir pitidos y ronroneos en diversas escalas. Se ve que lo del aullido a la luz de la luna le había llegado a su alma electrónica. Acto seguido, emprendió un intenso proceso de elaboración, que concluyó en una extensa tira de papel impreso, que contenía numeroso adjetivos: "inhumano", "municipal", "satánico", "no consensuable", "mamonazo", "obsesivo"... Finalmente, una escueta, frase, a modo de conclusión:

—"Concelupo, de todas todas".

—"¡Pues buena burra hemos comprado! ¡Para ese viaje no necesitábamos alforjas! ¡Anda que está bueno el cretino del autómata!

Era lógica la decepción contenida en esta expresión tan sentenciosa, pronunciada por el capellán del equipo investigador, puesto que, después de todo, sólo se había logrado redundar en una evidencia: el concejal conservador del Distrito Centro, don Orencio Mondongo Pellejero había sido un auténtico concelupo. Sin embargo, no quedaban esclarecidas las causas del fenómeno, máxime, porque el jodío licantropo había escapado al infierno por las obras de la línea 10 del metro, y cualquiera le echaba ahora el guante para someterlo al canónico tercer grado propuesto por Atila Siroco.

* * * * * *

Era noche de luna llena cuando los expertos, sus familiares, ayudantes y concubinas, tras haber cosechado semejante fracaso, se preguntaban cómo notificarían tan pobres resultados al agobiadísimo Zoilo Merengado, burgomaestre de la Villa de Madrid. Y fue precisamente a las doce en punto, momento en que los más pusilánimes se disponían a liar el petate para despedirse a la francesa, cuando un espantado ujier del Ayuntamiento comunicó a los presentes la terrible novedad recién sobrevenida: Zoilo Merengado había puesto fin a su recogimiento en el oratorio y andaba por la Castellana en porreta, aullándole a la luna.

EL CRIMINAL SIEMPRE PAGA (SAINETE CASTIZO CONTEMPORÁNEO)

por Moncho Alpuente

PRÓLOGO: «LA ESCENA DEL CRIMEN»

Todo sucederá en una sucursal bancaria de la Caja de Ahorros de Sierra Morena, en el barrio madrileño de Aluche. Por su decoración moderna y su diseño funcional, el establecimiento podría pasar por un burger o un disco bar, pero se nota que es un banco porque los carteles publicitarios no ofrecen comidas rápidas sino créditos instantáneos y la música no atruena en los altavoces, que en estos momentos difunden a discreto volumen una versión liofilizada del Concierto de Aranjuez. Son las doce del medio día, una hora sagrada que los empleados de la firma santifican con el secular ritual de la caña, el bocadillo, o el pincho de tortilla. Todos menos Robledillo que está ahorrando y suele traerse de casa el bocata envuelto en papel de aluminio. Cuando termina de comer, Robledillo dobla meticulosamente la fina y plateada lámina del envoltorio para utilizarla posteriormente, no por racanería, como más de una vez se ha visto obligado a explicar a sus compañeros, sino por razones ecológicas y como forma de protesta ante el derroche malsano de una sociedad que contamina el planeta con sus envases desechables y no conoce la palabra reciclaje.

Por otra parte de la empresa figuran en la escena, el mencionado Robledillo y Sonia, ayundante de caja, que sustituye a Menéndez, el cajero oficial, durante sus ratos de asueto en el bar, ratos cada vez más frecuentes y prolongados según se va acercando su ya muy cercana jubilación; en virtud de un privilegio que nadie le discute y que el propio Menéndez se encarga dc aclarar diciendo que es conveniente que Sonia vaya aprendiendo a manejarse sola, preparándose para el día en que tenga que afrontar en solitario una tarea de tanta responsabilidad. Tarea y responsabilidad que la joven auxiliar desempeña desde hace más de un año con absoluta probidad y eficacia, lastrada, más que guiada, por su veterano mentor, cada día más displicente en el ejercicio de sus funciones.

Del otro lado del mostrador, en representación de los clientes, aparecen en escena, haciendo cola ante la ventanilla, un atildado y cano sexagenario y una pareja compuesta por una joven madre de familia y su único vástago al que mantiene cogido de la mano mientras negocia el cobro de un cheque al portador, un trámite condenadamente sencillo si el condenado niño no tratara por todos los medios de zafarse de la presa maternal para encaramarse al mostrador, hostil barrera arquitectónica que se interpone entre su reducido mundo y las amplias perspectivas del mundo de los adultos.

Hay algún que otro cliente más en el establecimiento, pero sus papeles en esta función se reducen a pura comparsería. Testigos mudos y obedientes, como el mencionado Robledillo que no tardará en refugiarse bajo su mesa cuando empiecen a desarrollarse los sucesos objeto de esta crónica.

«LOS SUCESOS»

Cosme García Carbajo "Sacarino", por su afición al edulcorante sucedáneo, y Carlos Santos Correa, "Tragaldabas", explícito apodo, ampliamente justificado por su volumen corporal, están dispuestos a dar el golpe de su vida desvalijando esta humilde sucursal de la Caja de Ahorros de Sierra Morena. Neófitos en las artes del atraco, aunque curtidos en otras disciplinas menores del vasto campo de la delincuencia, "Sacarino" y "Tragaldabas" han preparado minuciosamente su plan. El plan desde luego es fruto del trabajo intelectual de "Sacarino", el cerebro de la operación, pero "Tragaldabas" lo ha estudiado a conciencia y esta mañana ha pasado "cum laude" su examen oral delante de su colega y es capaz de repetir, con puntos y comas, de principio a fin, o salteado, el esquema garabateado en una cuartilla por el jefe.

A las doce en punto de la mañana, los atracadores irrumpen en el banco. No se inmutan cuando suena la alarma del detector de metales, la alarma suena siempre y nadie, ni empleados ni clientes, se dan por aludidos. Los clientes se niegan a dejar sus objetos metálicos en el casillero del vestíbulo, hay mucho chorizo suelto dispuesto a llevarse hasta la calderilla, y si los cierran con llave, la misma llave se encargará de activar el mecanismo detector.

Una vez dentro, siguiendo fielmente el plan preestablecido, "Tragaldabas" desenfunda un revólver y se queda cubriendo la entrada y "Sacarino" se acerca a la caja, saca un pistolón enorme, lo empuña con ambas manos, abre las piernas en compás, como los profesionales que ha visto en la tele, y grita, lo suficientemente alto para que todos le oigan pese al pañuelo que cubre la mitad inferior de su rostro...

SACARINO.— ¡Manos atraco esto es un arriba!

TRAGALDABAS.— ¡Va, Va..mos!, ¡De, de... deprisa! hagan lo que... que dice... que mi... c...com... compañero es mu... muy nervioso...

SONIA.— (Sin inmutarse, es el tercer atraco del mes y estamos a quince). Ya se nota, ya... pero se van a llevar dos duros... la caja es de apertura retardada, como aquí el colega...

SACARINO.— ¡Nada de bromas! que esto es un atraco muy serio, al que se mueva le frío...

(Aprovechando que su mamá ha tenido que soltarle para levantar las manos, el niño, que se llama Ricardito, se acerca imprudentemente al feroz Sacarino).

RICARDITO.— Mira mamá lleva una pistola como la mía... ¡No es de verdad!

SACARINO.— ¿Con que no es de verdad?

RICARDITO.— No, no es de verdad, es de pega... la

Browning 45 Special de verdad no tiene esa culata y el percutor... vaya mierda... es de plástico...

TRAGALDABAS.— ¡Se... se...ñora! calle a ese... ni.. niño... y tú date pr...pri..sa... no hace falta que... que... q.. lo cuentes...

SONIA.— Por si le interesa saberlo son 12.345 pesetas...

SACARINO.— ¡Maldita sea! Quieto niño... ¿Dónde vas?... (Ricardito intenta fugarse y es retenido a duras penas por "Tragaldabas", el niño grita y patalea).

RICARDITO.— Es de mentira... de mentira... y vosotros no váis a matar a nadie... porque las pistolas son de pega... yo tengo una mejor que esas... en mi casa...

SACARINO.— Tiene que haber más pasta, venga no te hagas la remolona o...

SONIA.— ¡Huy qué miedo!... no sigas que me tiemblan las piernas... Contentos teniáis que estar, los de la semana pasada se conformaron con 5.500... teníais que venir a principio de mes...

SACARINO.— ¡Las joyas, los bolsos, los relojes, vamos suelten todo lo que tengan de valor!

RICARDITO.— Las joyas de mi mamá también son de mentira... nunca saca las buenas porque hay mucho delincuente...

(Antes de que las cosas pasen a mayores, Don Matías, el atildado sexagenario, media en el diálogo con talante apaciguador).

DON MATIAS.— Perdónenme jóvenes, no tengo inconveniente en darles mi reloj y dos mil pesetas, que es lo que llevo. Pero díganme ¿son toxicómanos?... ¿Roban por eso?

SACARINO.— ¡Mira éste! ¿Tengo yo pinta de colgao?

(siguiendo el ejemplo de don Matías los clientes van despojándose de sus escasos bienes, relojes baratos, bisutería y calderilla).

DON MATIAS.— En absoluto, no quería ofenderles, pero como les he visto tan nerviosos. Es la primera vez que atracan, ¿verdad?... claro, es eso...

SONIA.— Se les nota a la legua, dos aficionados... vaya chapuza de atraco...

(Repuesta del susto, doña Asunción, madre de Ricardito, entra en liza).

ASUNCION.— A mi me atracaron hace dos semanas en la sucursal del Hipotecario y menuda diferencia, esos sí que eran profesionales... siete millones se llevaron... a la mejor les conocen era uno bajito con granos y...

SONIA.— Estos qué van a conocer si son unos desgraciaos.

SACARINO.— Oye, sin ofender... que yo a ti no te he ofendido.

SONIA.— Mejor os piráis antes de que vuelva el de seguridad que ha ido a tomar el bocadillo...

RICARDITO.— Ese sí que tiene una pistola de verdad y unas esposas... que yo las he visto...

SACARINO.— ¡Vámonos!... tiene razón... te dije que te ocuparas del guardia...

TRAGALDABAS.— Pero si... si... n.. no estaba, com... com... com... com..o me iba a oc.. ocupar d... de él...

RICARDITO.— Pues ya está... mira ahí viene y os va a detener y os van a llevar a la cárcel y os van a achicharrar en la silla eléctrica y os va a salir humo de la cabeza y...

SACARINO.— Si tenía que salir mal... yo no sé quién me manda a mi liarme con un manta como tú...

TRAGALDABAS.— ¿Man... Man... Manta yo?... Manta ta... tú... tú que... que eres el ce... ce... cerebro...

SONIA.— ¿El cerebro? ja, ja, ja, menudo cerebro...

(Con restos de tortilla en el bigote hace su entrada Manolo, guardia jurado y armado que por su volumen corporal y su expresión inteligente podría ser hermano gemelo de Tragaldabas).

MANOLO.— ¿Qué pasa aquí?

TRAGALDABAS.— (Apuntando al niño). Ti, ti, titira la pist..pist..ola o me ca, ca, cargo a éste, que... que ya le tengo ggggg... ganas... No mu..muerdas joder.

RICARDITO.— No hagas caso, la pistola es de mentira...

SONIA.— El niño tiene razón... es de juguete...

ASUNCION.— Son dos pringaos...

DON MATIAS.— Ante todo nada de violencia...

MANOLO.— ¡Silencio! ¡Vamos a ver!... o sea que esto es un atraco...

SONIA.— ¡Qué listo! ¿Le aplaudimos? Vamos Manolo... he dado la alarma hace rato, no les dejes salir...

MANOLO.— ¡Un atraco!... es la primera vez...

DON MATIAS.— No se preocupe, ellos también son primerizos...

MANOLO.— Un atraco con rehenes..., en un atraco con rehenes lo primero es... lo primero es...

DON MATIAS.— ¡Animo!... seguro que lo ha estudiado.

MANOLO.— (De corrido). Lo primero es preservar la vida de los rehenes... o sea del niño...

ASUNCION.— Ricardito... se llama Ricardito...

TRAGALDABAS.— Suel, suel, suuelta la pi.. pipa o estrang...estrangulo al Ri... Ri... Ricardito este.

RICARDITO.— ¡Me hace daño mamá!

ASUNCION.— ¿Estrangular a mi niño?... habrase visto ¡Desgraciao!, vamos guardia si no los detiene usted lo haré yo... ¡Suéltelo!

DON MATIAS.— ¡Cálmese! no pierdan los nervios, relájense, piensen en algo agradable y respiren profundamente...

TRAGALDABAS.— Otro cha chalao... Vamos q... qui... quitate de la pu.pu..puerta o le re. re re..tuerzo el pes..pes..pescuezo...

MANOLO.— ¿Qué hago? Si le estrangula no puedo preservar la vida del rehén... eso es de cajón... ¿Ustedes qué piensan?

DON MATIAS.— No creo que le estrangule... es bruto... pero no tiene agallas.

TRAGALDABAS.— Ya, ya, ya, ya me está carg...carg.. cargando el bor, bor...de éste (saca una navaja). Va, va, vamos a ver ¿tú crees qu... que esta na... navaja es de m... m... mentira...?

MANOLO.— Eso es un arma blanca y lo primero cuando hay un arma blanca es...

SONIA.— Quitársela ¡Joder! ¡Coño! Manolo... ¿pero a ti qué te enseñaron en la academia?

ASUNCION.— Es un calzonazos... van a estrangular a mi Ricardito y no hace nada...

DON MATIAS.— Yo que usted les dejaba irse... no creo que vayan muy lejos... si no les pillan hoy... les pillarán mañana...

ASUNCION.— O les atropellará un coche cuando salgan a la calle... porque son unos pasmaos.

TRAGALDABAS.— E..eeeeso, nos va..vamos. O se se se qui..qui..tan de la pu, puerta o le re, le re..., le rebano el c.. cuello al jo, jo, jo, jodío niño...

DON MATIAS.— Vamos a arreglar esto de una forma civilizada... ustedes dejan la navaja... dejan al niño... devuelven el dinero y las joyas y aquí no ha pasado nada... se van tranquilamente y nadie les denuncia, todo olvidado... Odia el delito y compadece al delincuente...

SACARINO.— ¡Vale tío! pero de delincuente nada... que ya nos han insultado bastante, pringaos, desgraciaos, delincuentes...

TRAGALDABAS.— Y de com..com.. compadecer na.. nada, la comp.. compasión se la menten en el cccc....ccc-cuuuu... ¿Y tú qué... qué dices Ma.. Manolo?

SONIA.— Eso, consulta el manual...

MANOLO.— Esto no viene, no sé...

DON MATIAS.— Recuerde, lo primero es proteger la vida de los rehenes.

MANOLO.— Vale, porque lo dice este señor que si no... pero a devolver la pasta y a soltar al rehén...

TRAGALDABAS.— De aaaa... acuerdo... aquí, quí está....

SACARINO.— Y la pasta... vamos a ver... dos mil, cinco mil, los relojes... el collar...

MANOLO.— ¿Está todo?

DON MATIAS.— No está todo... yo llevaba siete mil pesetas y me han dado dos...

SACARINO.— Ni hablar... vaya jeta... usted me dió dos mil...

RICARDITO.— Yo quiero las pistolas...

MANOLO.— Afloja la tela, ¡Coño!

SACARINO.— Que no, ¡Joder que no llevo más!... mira... (se vacía los bolsillos).

MANOLO.— Pues el otro, a ver tú, el tartaja... el dinero de este señor...

LAD 2.— Que no no jo... jo... le... le che, que esta pas, pas, pasta es mi... mía...

MANOLO.— Suelta ya, suelta ya que...

DON MATIAS.— Y el reloj que se saque el reloj...

SACARINO.— ¿Pero cómo que el reloj? Pero si este peluco es un regalo de mi vieja... hombre... a ver si nos van a robar...

MANOLO.— El reloj también y sin rechistar...

RICARDITO.— Yo quiero la navaja... la navaja también...

ASUNCION.— De eso nada, Ricardito... que te puedes hacer daño... las pistolas vale, pero la navaja...

MANOLO.— La navaja me la quedo yo de "souvenir".

SACARINO.— Anda que cómo son las personas honradas.. el peluco, la navaja, cinco talegos...

SONIA.— Así aprenderán...

SACARINO.— A tener morro, a eso hemos aprendido, vamos a salir de naja antes de que nos dejen en bolas.

MANOLO.— Yo no sé si... en un caso como éste... creo que antes de que se vayan debería informar por teléfono...

SACARINO.— Hombre, llama luego, que tenemos prisa...

RICARDITO.— ¿Por qué no les pones las esposas?

DON MATIAS.— Nada, nada, deje que se vayan... ha sido un mal paso.. y puede que esta experiencia les haya servido para rehabilitarse.

SACARINO.— Del todo, rehabilitado para siempre.. se lo juro... si lo mío es la fontanería... lo que pasa es que estoy en el paro...

ASUNCION.— Me extraña con la falta de fontaneros que hay, claro que si es tan chapuza con el soplete como atracando...

MANOLO.— Eso, hala que se vayan... Largo... antes de que me arrepienta.

(Los atracadores escapan a toda velocidad, a lo lejos se escuchan las sirenas policiales...).

MANOLO.— ¡Eh... oigan! Un momento, esperen. No te digo... ese tío se ha dejado la cartera... anda que vaya día... y ahora a ver cómo se la devuelvo...

TELON BLINDADO DE ALTA SEGURIDAD.

CAMINO DE MADRID
(UN TRAYECTO ESCÉNICO)

Por Ignacio Amestoy Egiguren

A Guillermo Alonso del Real

SE ABRE EL TELÓN. Deben ser las siete de la mañana. Invierno. Una carretera con bastante tráfico en la que el ámbito se ilumina con los faros de los automóviles que circulan. Un hombre de unos cincuenta años está al volante en el interior confortable de un buen coche. Se llama Juan. En el asiento de al lado, una mujer joven, que no ha cumplido los veinticinco. Es Elena. Juan, sobre la camisa con corbata, lleva chaleco. La chaqueta la ha dejado en el asiento trasero. ¿Y el abrigo? No se ve. El viaje no parece que sea corto. Tampoco, muy largo. Van camino de la gran ciudad. Son más los vehículos que marchan en su mismo sentido que en el contrario. Conforme se vayan acercando a la urbe, la iluminación se irá incrementando con la luz de las altas farolas y la que proyecten las casas de la ciudad. Elena viste un ajustado jersey negro de cuello alto, con mangas, y una falda, también negra, muy corta permite ver sus piernas enfundadas en medias del mismo color que el resto de su atuendo. El cabello de Juan es castaño oscuro, que bien podría estar teñido. Cualquiera sabe. Elena luce una cabellera rubia.

JUAN.— Esta carretera es una mierda.

ELENA.— Autopista.

JUAN.— Cuando lo sea.

ELENA.— Queda poco.

JUAN.— ¿Queda poco?

ELENA.— Para acabarla.

JUAN.— Siempre la están acabando.

(...)

ELENA.— Hemos salido tarde.

JUAN.— No he oído el despertador.

ELENA.—¿Qué pasó anoche?
JUAN.— Se van a separar.
ELENA.— Siempre se están separando.
JUAN.— Va en serio.
ELENA.— ¿Y tú, qué pintas?
JUAN.— Soy su amigo.
ELENA.— Te estuve esperando hasta las tres.
JUAN.— Soy su amigo.
ELENA.— Te esperé hasta las tres.
(...)
JUAN.— Elisa se va un año a la Sorbona.
ELENA.— Por lo menos.
JUAN.— Con Paul.
ELENA.— Lo sé.
JUAN.— ¿Te lo ha dicho ella?
ELENA.— Me lo ha dicho Paul.
JUAN.— París.
ELENA.— Os pone los cuernos a Luis y a ti, con Paul.
JUAN— ¡Elenita!
(...)
JUAN.— ¡Maldita carretera!
ELENA.— Estás muy nervioso.
JUAN.— Esta jodida carretera...
ELENA.— Autopista.
JUAN.— Estamos todos locos.
(...)
ELENA.— Elisa le fascina a Paul.
JUAN.— Que haga lo que quiera.
ELENA.— ¿Quién?
(...)
JUAN.— Tengo que revisar el coche.
ELENA.— ¡Cuidado, comienza a llover!
JUAN.— Y todos como borregos.
ELENA.— La ciudad crece hacia el norte.
JUAN.— Y todos al norte.

ELENA.— Tú te viniste al norte.

JUAN.— Hace mucho tiempo.

ELENA.— Juan Torres Beaumont, siempre pionero.

JUAN.— Como borregos.

ELENA.— Tal vez, tú te fuiste demasiado al norte.

JUAN.— Mejor quedarse en la ciudad. ¿No?

(...)

ELENA.— ¿Una mujer como Elisa puede fascinar?

JUAN.— ¿Y un hombre como Paul?

ELENA.— Veintiséis años, profesor de la Sorbona, socialista renovador... ¡Europa!

JUAN.— ¡Mierda, Europa!

ELENA.— ¿Por qué te compraste un coche francés?

(...)

JUAN.— Esto no tiene arreglo.

ELENA.— ¿Qué es "esto"?

JUAN.— Todo. La carretera...

ELENA.— ¿Yo también?

JUAN.— ¿Tú? (Pone su mano derecha sobre la rodilla de la pierna izquierda de ella que, al tener sus extremidades inferiores cruzadas, descansa sobre la derecha.) Tú... y yo.

ELENA.— (Descruza las piernas, momento que él aprovecha para meterle la mano entre los muslos.) Te estuve esperando... (Ella junta sus piernas.)

JUAN.— (Retira la mano.) ¿Te pone cachonda que los alumnos vean tus bragas?

ELENA.— No llevo bragas.

JUAN.—¡El coño!

(...)

ELENA.— Ayer por la tarde, Luis quiso...

JUAN.— ¿Tus alumnos, también?

ELENA.— ¿Mis alumnos, qué?

JUAN.— ¿También quieren follarte?

ELENA.— Los profesores sois los que queréis follar.

JUAN.— ¡Mierda de autopista!

ELENA.— Estaba adormilada junto a la chimenea y me besó,...

JUAN.— Esa Elisa es una zorra.

ELENA.— ... mientras me abría las piernas.

JUAN.— Cuidado con tus alumnos.

ELENA.— Pobres...

JUAN.— Elisa va a acabar con Luis.

ELENA.— Tú no tuviste mucho cuidado conmigo.

JUAN.— Elisa va a hundir a Luis.

ELENA.— Los hijoputas no se hunden. Son como el corcho.

JUAN.— ¿Cuándo te besó, qué hiciste?

ELENA.— Despertarme.

JUAN.— Yo dormí una buena siesta.

ELENA.— Su aliento de borracho casi me hace vomitar.

JUAN.— ¿Tu decano casi te hace vomitar?

ELENA.— No corras.

JUAN.— Llegamos tarde.

ELENA.— Eso se piensa por la noche. Te estuve esperando hasta las tres.

(...)

JUAN.— Ese Paul es un sinvergüenza.

ELENA.— Vuestro alumno aventajado.

JUAN.— Cría cuervos y te comerán las pelotas.

(...)

ELENA.— Juan, Luis, Elisa...

JUAN.— ¿Ves ese camión?

ELENA.— ... y tu ex. ¿No?

JUAN.— ¿No ves ese camión?

ELENA.— Belga.

JUAN.— ¿Lo ves?

ELENA.— ¿Quieres empotrarte?

JUAN.— Voy a volver a la política.

ELENA.— ¿Sí?

JUAN.— A la base.

ELENA.— ¿Al partido?
JUAN.— ¿No volvió Günter Grass?
ELENA.— ¿Te ha convencido Luis?
JUAN.— Este belga es un maricón.
ELENA.— ¡Dale por el culo!
JUAN.— (Le pasa.) ¡Maricón! (Suena el bocinazo del camión.)
ELENA.— Te veo en forma.
JUAN.— ¡Se van a enterar!
ELENA.— Cruzada contra los fascistas...
JUAN.— Jodida carretera.
ELENA.— Salvar los muebles.
JUAN.— ¿Qué coño dices tú en tu libro?
ELENA.— "El nuevo fascismo".
JUAN.— Pues eso.
ELENA.— No te lo crees ni tú.
JUAN.— ¿Por qué lo escribes?
ELENA.— Una reflexión. No digo que vuelvan.
JOAN.— Están ahí.
ELENA.— El poder es lo que está ahí.
JUAN.— Pues eso.
ELENA.— ¿Y vosotros?
JUAN.— ¿Nosotros, qué?
ELENA.— ¿Tú?
(...)
ELENA.— (Ríe.) ¡Hasta las tres de la madrugada esperándote!
(...)
JUAN.— Como con mi hijo.
ELENA.— ¿Cuándo se va a Africa?
JUAN.— No se va a Africa.
ELENA.— Se le pasó la fiebre misionera...
JUAN.— Le ha contratado la Clínica del Oeste. Su madre...
ELENA.— Tu médico va a hacer carrera...
JUAN.— ¿Por qué te has vestido de negro?

ELENA.— Esta noche te he estado esperando...

JUAN.— Se le ha pasado la fiebre al muchacho.

ELENA.— Es como tú. Te da y, luego, se te pasa. Cuando te da.

JUAN.— Me duele la cabeza.

ELENA.— ¿Quién bebió más anoche?

JUAN.— Esta carretera es una mierda.

ELENA.— Tu hijo vale mucho.

JUAN.— Será un buen médico.

ELENA.— ¿Y qué más?

JUAN.— ¿Y qué más?

ELENA.— Tu hijo ha salido a tí y tu hija a su madre.

(...)

JUAN.— ¿Somos corchos?

ELENA.— Fundamentalmente, Luis.

JUAN.— Flotando como la mierda.

ELENA.— ¿Sobre qué flotamos?

JUAN.— Sobre los demás. Sobre todo. Que también es mierda. Como esta autopista.

ELENA.— (Divertida.) Plof, plof, plof, plof.

JUAN.— Y encima de la mierda, de la mierda, de la mierda...

ELENA.— Plof, plof, plof.

JUAN.— ¡El rey de la mierda!

(...)

ELENA.— Almuerzo con Luis.

JUAN.— Voy a decir que sí a lo de la radio.

ELENA.— Como con Luis.

JUAN.— Que aproveche. Voy a hacer lo de la radio.

ELENA.— Nunca te ha gustado la radio. (Mira, teatral, al salpicadero.) ¿Dónde está la radio? ¿Pones alguna de las mil tertulias mañaneras? ¡Qué basura!

JUAN.— No me gusta la radio en el coche.

ELENA.— Por eso vas a ir a una tertulia.

JUAN.— Voy a hacerlo.

ELENA.— Vuelves al poder.
JUAN.— ¿Por qué comes con Luis?
ELENA.— El poder.
JUAN.— ¿O el joder?
ELENA.— Esta madrugada te esperé hasta las tres. ¡Joder!
JUAN.— ¿Vas a por la cátedra?
ELENA.— Eso quiere.
JUAN.— Además de follarte.
ELENA.— Además de follarme.
(...)
JUAN.— Otro camión.
ELENA.— Viajan por la noche.
JUAN.— Somos unos borregos.
ELENA.— Algunos son unos borregos.
(...)
ELENA.— ¿Esta noche vienes a mi casa?
JUAN.— ¿Esta noche?
ELENA.— Preferiría que no.
JUAN.— No comprendo.
ELENA.— Cada día comprendes menos cosas. Eres un sabio. Como Sócrates. Sólo sabes que no sabes nada.
JUAN.— Lo de Luis.
ELENA.— Le gusta el poder.
JUAN.— Os gusta el poder.
ELENA.— ¿Y, si no?
JUAN.— Cada vez está peor esta jodida carretara.
(...)
ELENA.— ¡No corras tanto!
JUAN.— Llegamos tarde.
ELENA.— Haz lo que quieras.
JUAN.— Me estuviste esperando hasta las cuatro.
ELENA.— Vete a hacer puñetas.
JUAN.— ¡No corras tanto!
(...)
JUAN.— Voy a parar la salida de mi novela.

ELENA.— Me parece bien. Nunca debías haberlo intentado.

JUAN.— No eres novelista.

ELENA.— ¡No eres novelista!

JUAN.— Eso me digo: "Juan, no eres novelista".

ELENA.— Eres un buen filósofo, pero no eres novelista.

JUAN.— Mierda.

ELENA.— ¡Corre más!

(...)

JUAN.— Era un buen filósofo.

ELENA.— Eras muchas cosas.

JUAN.— ¿Era algo, además de un buen filósofo?

ELENA.— Un buen macho.

JUAN.— ¿Mejor que filósofo?

ELENA.— Para mí, sí. Pero la lógica matemática no es mi especialidad.

JUAN.— ¿Cuál es tu especialidad?

ELENA.— No, esperarte hasta las tres de la madrugada.

JUAN.— Putita.

(...)

ELENA.— Es la primera vez que me llamas puta.

JUAN.— Putita. La segunda.

ELENA.— Para en el arcén.

JUAN.— Puta, puta, puta.

ELENA.— ¡Ahora mismo, cabrón! ¡Ahora mismo!

Juan da un volantazo hacia su derecha, mientras suenan bocinas y derrapes de neumáticos con una ciertamente espectacular confusión lumínica. Juan para el coche en el arcén. Por su izquierda pasan y pasan coches que se están acercando a la ciudad, que están en la periferia de la ciudad. Elena coge un abrigo de piel y un maletín del asiento de atrás del automóvil, abre su puerta y sale. Se refugia en la parte más alejada del arcén y, de espaldas a la vía, percibe cómo Juan acelera y se aleja. El coche se desplazará hacia su izquierda, hasta salirse del escenario, lateralmente, sin que Juan diga una sola palabra.

Pasarán unos segundos, y se oirá el estruendo de una colisión lejana. Al cabo, Elena se quitará la peluca rubia —llevaba peluca, vemos que tiene el pelo corto y negro—. Se ajustará su abrigo, en uno de cuyos bolsillos ha introducido el postizo. Dejará el maletín en el suelo y se pondrá a hacer auto-stop. No tardará en frenar a su lado un automóvil —no es el de Juan, aunque dentro hay un señor que se le parece, pero lleva la chaqueta puesta y tiene el cabello blanquecino—. El coche ha aparecido por la derecha del escenario, desplazándose hasta donde estaba Elena. La muchacha abre la puerta del coche.

ELENA.— ¿A Madrid?

FELIX.— ¿Se puede ir a algún otro sitio? ¡Suba!

ELENA.— (Tras depositar sobre el asiento posterior del habitáculo el maletín, se sienta parsimoniosamente junto al conductor y le sonríe.) Gracias.

FELIX.— A su disposición, señorita...

ELENA.— Elena.

FELIX.— Félix. Encantado. (El coche se pone en marcha. Acelera y entra en el río de automóviles que van penetrando en la ciudad.) ¿Dónde le puedo dejar?

ELENA.— No me trates de usted. No soy tan mayor.

FELIX.— ¿Dónde vas, Elena?

ELENA.— Iba a la Universidad.

FELIX.— ¿Ibas o vas?

ELENA.— Tengo que estar allí a la hora del almuerzo.

FELIX.— Todavía es muy pronto.

ELENA.— Sí.

FELIX.— ¿Eres profesora, o así?

ELENA.— O así.

FELIX.— Voy al despacho, pero, si quieres, podemos desayunar juntos.

ELENA.— Vale.

FELIX,— Y hablamos. (Suenan algunas sirenas lejanas.)

ELENA.— ¿Tú qué eres, o así?

FELIX.— Fui ingeniero. Ahora...

(Se oyen la sirenas más cerca.)

ELENA.— Ya no haces pantanos.

FELIX.— Ya no se hacen pantanos.

ELENA.— ¿Qué se hacen ahora?

FELIX.— Túneles.

ELENA.— ¿Haces túneles?

(Pasan cerca de donde se ha producido el accidente. Más sirenas y luces).

FELIX.— Túneles. Otro accidente.

ELENA.— ¿Te divierten los túneles?

FELIX.— ¿A ti te divierte lo que haces, profesora?

ELENA.— Profesora, o así.

FELIX.— O así.

ELENA.— ¿Qué es divertirse?

FELIX.— Un filósofo...

ELENA.— ¿Qué filósofo?

FELIX.— Un filósofo alemán, que más da... ¿Lo quieres saber?

ELENA.— ¿Qué decía?

FELIX.— Que divertirse era... ¡Qué estupidez¡ ¿Cómo va a saber un filósofo lo que es divertirse?

ELENA.—¿Qué hacías ayer a las tres de la madrugada?

FELIX.— Ayer, a las tres de la madrugada... ¿Precisamente, a las tres?

ELENA.— A las tres, sí.

FELIX.— ¿Lo quieres saber?

ELENA.— Sí.

FELIX.— Yo tengo un socio que no se está portando bien conmigo...

ELENA.— ¿Y te lo quieres cargar?

FELIX.— Bueno, yo tenía un socio que se estaba portando mal conmigo...

ELENA.— ¿Y te lo cargaste?

FELIX.— Ya no es mi socio.

ELENA.— ¿Te van bien los túneles?

FELIX.— ¿Qué túneles?
ELENA.— Los túneles, del ingeniero...
FELIX.— Los túneles... Bien.
ELENA.— Ya hemos llegado.
FELIX.— ¿Tú crees?
ELENA.— Es un decir. Nunca se llega, ¿no?
FELIX.— Eres una chica muy inteligente, Elena.
ELENA.— Me lo han dicho alguna vez.
FELIX.— Y con unas piernas muy bonitas.
ELENA.— También me lo han dicho alguna vez.
FELIX.— ¿No soy el primero, verdad?
ELENA.— No, no eres el primero.
FELIX.— Pero, no te importa...
ELENA.— ¿Importarme? No. Eso no tiene importancia.

Félix, el conductor que ha recogido a Elena camino de Madrid, no puede contener una sonora carcajada. Elena, tampoco. El coche desaparece, esta vez, por la izquierda del espectador. Estamos en la ciudad. Hace tiempo que amaneció. SE CIERRA EL TELÓN.

VALLECAS: TIERRA DE MISIONES
DOS DE MAYO EN MADRID
MADRID NECESITA UN GLORIOSO RENACIMIENTO

por Raúl del Pozo

VALLECAS: TIERRA DE MISIONES

El sur, o el sudoeste, también existe. El sur y el sudeste son pobres, pero viven. Como escribió un cronista de la capital de la gloria, Antonio Gómez Rufo, «en Madrid el sur es pobre, como todo sur. Y aunque en el sur de Madrid también existe el norte, cuanto más al sur más carencia, más necesidad, mayor desatención histórica. Pero los antiguos bajos fondos de Madrid ahora son distritos humildes pero limpios, sin pretensiones pero dignos, en los que se puede vivir con una calidad de vida aceptable para la dignidad de todo ser humano». Pero todavía, dice, queda un sur, dentro del sur: el desempleo, la droga, la violencia. Y los políticos han tenido una idea: el Parlamento de Madrid estará en Vallecas. Los propios políticos se han metido en la ratonera. Los bancos, las catedrales, los parlamentos y los palacios están siempre en el centro porque en el centro está la fuerza, la pasma, los aparatos del terror.

Si un día el pueblo de Madrid quiere tomar su palacio de invierno, su duma, su Versalles, puede hacerse primero fuerte en territorio apache. Elena Utrilla del PP con lenguaje de pelota de ping-pong en las antiguas dice: "Es fenomenal, porque Madrid sur es el sitio ideal. De esta forma se acaba con la imagen negra de Vallecas». Pero ¿qué imagen negra? ¿El de honrados tironeros, nazarenos, carteristas, es más negra que la del coro de los rubios y roldanes? Una vez le dije a una niña pija de Serrano que al otro día me levantaría pronto y me preguntó: «¿Es que haces gimnasia?».

Y en otra ocasión le comenté que tenía que ir a Vallecas y ella dijo: «Pero si eso es tierra de misiones». Tierra de misiones fue nuestro Chiapas urbano. Joaquín Leguina ha comentado que es positivo llevar las instituciones a barrios periféricos, ya que mejoran la zona. «Para los vecinos será una buena noticia y yo creo que lo que es bueno para ellos debe ser bien recibido por todos». Uno de la asociación de vecinos comenta: «Ahora vamos a tener mucho prestigio». Ese quiere ser concejal. Porque los políticos vivirán y yacerán en la ciudadela. En Vallecas lo más que harán será molestar con los guaruras, las motos y los carros blindados.

Fastidiarán el tráfico. Para los de Cuenca, Vallecas es como Buenos Aires para los gallegos. Lo primero que veíamos cuando pasaba el tren era Vallecas y entonces nos palpábamos la cartera porque nos habían avisado que guindaban la saña en cuanto pusiéramos el pie en Atocha.

Vallecas en otro tiempo destierro de los mendigos, de rojos, de jesuitas misioneros del marxismo, de pícaros y de destripaterrones, leporeto de miseria, se convirtió en un barrio metropolitano, molón, de rock-and-roll.

En otros tiempos cultivaba viñas y aún no había llegado la ley. Cuando voy a Vallecas noto el deje de Cuenca, encanallado con el cheli. Vallecas pasó de 2.634 en el año 1900 a 7.000 en el año 70 y a los 50.000 en los años 80 y la mayoría de los habitantes procedían de mi tierra. Se metieron en chabolas, lucharon contra la miseria y muchos la derrotaron.

Barrio Milano, la Bendita, la Sostenia, el Pozo del Huevo, Madrid profunda, amenazado de camellos y colgados. La especulación del suelo convirtió los arrabales en minas de oro. Ciudad sin planificación, de aluvión, pero con vida y ritmo. Y ahora el Parlamento estará en este puerto de la España del éxodo, con abañones entre las latas y serdasquineros en el estadio del Rayo.

APOYO.

Una capital de obrero. «Así, con la estrategia de la araña en la hura de los siglos —escribe Umbral— va extendiéndose Madrid, tejiendo su tela, atrapando su mosca (cada misca, un cementerio) abriéndose camino entre sí misma, erigiéndose con la lógica del bosque y la estructura de la flor». Y Vallecas «un fuego —sigue Umbral—, un fuego de injusticia ardiendo en el cielo, un pueblo de obreros e inmigrantes, al Este de la ciudad, por el que pasan trenes, mulas de carga, guardias, políticos a pie, bloques de silencio, adolescentes en moto, comadres, vecindonas». Ya no es arrabal de cominos o personas minúsculas. Ni donde la ciudad ya sale de naja y pierde su nombre. Ahora será sede de la Asamblea. Con el tiempo esta asamblea se desembarazará de la tutela de San Jerónimo y dejará de ser un parlamento otorgado para ser la voz de los madrileños. En esta España de bisagreo, Madrid es la víctima del centralismo, del eje Moncloa-Barcelona. Todo el mundo las pía menos los madrileños. Ya verán cuando se hagan fuertes en Vallecas.

DOS DE MAYO EN MADRID

Madrid era la ciudad más sucia y pestilente de Europa. Pero también la más brava. Un francés socarrón había dedicado a la villa un poema titulado «La Merdeida». Aquellas turbas, ya durante el reinado anterior, se negaban al progreso y apedreaban los faroles que ponían los déspotas ilustrados. Pero nunca les gustó que los pisaran. «No me toques», se suelen decir uno a otro, los madrileños, en el comienzo de una pelea.

El pueblo de Madrid que el día dos de mayo entró en la historia grande, había dado muestras de odio a los extranjeros que estaban de moda. Los majos se negaban a vestir a la usanza de los «gabachos de mierda». Por el contrario, los nobles iban disfrazados de afrancesados y el pueblo los llamaba petimetres. Cuarenta años antes, cuando Esquilache quiso prohibir el uso de la capa ancha, y el sombrero chambergo y ponerles el tricornio y el vestido a la francesa, estalló el motín que obligó al rey Carlos III a asomarse al balcón, cesar a Esquilache y derogar el edicto.

Pero lo que ocurría en mayo de 1808 en Madrid era mucho más fuerte. La familia real, la nobleza, la cúpula militar se habían entregado a Napoleón. Carlos IV era un cornudo y un vago. El propio rey Carlos IV le confesó al corso en Bayona: «Todos los días, invierno y verano, voy de caza hasta las doce, como, y al instante vuelvo al cazadero hasta la caída de la tarde. Manuel me informa de cómo van las cosas».

María Luisa, desdentada y ninfómana, se encoñó con

Godoy, guardia de corps, dieciséis años más joven que él. Aunque no era todo malo en aquel chulo. Gracias a él Goya fue nombrado pintor de cámara. Pero como escribe Javier Riouo en el gran libro Madrid, casas de lenocinio, holganaza y mal vivir: «Fue Godoy el más grande de los pícaros de alcoba de nuestra historia». Sodomizó al Príncipe de Asturias y a la reina María Luisa. «Era un chulo que zumbaba la badana a la reina».

En el otoño de 1807 los madrileños se enteraron de que había sido arrestado en el Monasterio de El Escorial, por orden de su padre, el Príncipe de Asturias. Este hijo de puta había enviado a Napoleón varias cartas felicitándole por sus victorias y ofreciéndole sumisión incondicional.

Luego toda la familia real trabajó de colaboracionista con el emperador de Francia. En marzo apareció un bando que advertía a los madrileños que por orden del Rey deberían comportarse bien con las tropas francesas. Antes estalló el Motín de Aranjuez y Godoy se escondió muerto de miedo en un desván dentro de un rollo de esteras. Madrid hervía y cuando llegó mayo estalló.

El día dos se corrió la voz de que se llevaban a los infantes. Quedaban dos coches y la multitud sospechó que estaban destinados al viaje de los infantes Don Antonio y Don Francisco. Lloró Don Francisco y todos se enternecieron. Las mujeres prorrumpieron en sollozos. En esto llegó a palacio el ayudante de Mural, Augusto Lagrange. Al verlo con el uniforme, no grato al pueblo, una mujer gritó: «Que nos lo llevan».

Fue embestido. Lo hubieran matado si no hubiera llegado una patrulla francesa. Murat envió al enterarse un batallón con dos piezas de artillería. Hizo una descarga sobre los corrillos. Toda la ciudad se levantó al saberlo. Acudieron los madrileños a buscar armas en una comuna, en un motín, en un levantamiento sangriento que contó Goya después mirando con un farol, por la noche, los cadáveres de los héroes desconocidos.

* * * * * *

Goya, corresponsal en Madrid. En los lienzos «Dos de mayo», Francisco de Goya retrata los efectos de la carga de los mamelucos en la Puerta del Sol y los fusilamientos de Príncipe Pío. La guardia imperial, los lanceros polacos, durante muchas horas mataban a todo lo que se movía. El pueblo respondió mientras los jinetes de Murat cargaban a sablazos contra chulos, chisperos, majas, modistas, algunos militares no traidores, pícaros, artesanos, ladrones al grito de «Viva España, mueran los franceses». Las pilas de cadáveres en la Calle de San Bernardo, en el barrio de Maravillas, en el cuartel de Monteleón, en la puerta del Sol, los fusilamientos en Moncloa, en las tapias del Retiro... todo ocurrió porque a los madrileños no les gusta nada que los pisen, y menos con botas. Madrid era la ciudad más sucia y pestilente de Europa. Pero también era la más brava.

MADRID NECESITA UN GLORIOSO RENACIMIENTO

Los políticos de la plataforma y de las otras aventuras progresistas de Madrid tiene muchos quebraderos de cabeza para darle a la capital de la gloria el aura que tuvo. Y hablan otra vez de movida. Creo que Madrid necesita no una nueva movida, sino un renacimiento, una acción cultural, intelectual, para renacer. Harían mal, los de la culutura alternativa, en quedarse en los años 80 y creer que Tierno, el alcalde volteriano y vacilón, representó el esplendor de la ciudad.

Es verdad que entonces Madrid se puso de moda. Llegaban aquí los europeos y creían, después de tantos siglos de dictadura, que esto se había convertido en Magdala, aquella ciudad de la Magdalena mundialmente conocida por su ninfomanía y sus chaperos. Madrid tuvo más marcha, más movida, más tiros, más aventuras en épocas anteriores. Sobre todo en la época de los Austrias: coimas, reyes puteros, Cervantes, Zurbarán, Velázquez, Quevedo, Antonio Pérez, la Eboli.

A pesar de la negrura y la Inquisición se reían los de la Villa y Corte. Hasta los reyes se lo pasaban bien. «Su Majestad —dice el padre Barrionuevo— ha mandado no vayan mañana a la comedia sino solas mujeres, sin guardainfante, y se dice que las quiere ver con la reina en las celosías y que tiene algunas ratoneras con más de cien ratones cebados en ellas para soltarlos en el mejor de la fiesta, así en cazuela como en patio, que si sucede será de ver y entretenimiento para SS.MM.».

Los madrileños se divertían en las corridas de la Plaza Mayor y en todo el laberinto de las alcobas. En los mentideros se habla de las revoluciones en los Países Bajos, de Eldorado. Los mendigos y los soldados, los pícaros y los ladrones daban a Madrid un aspecto maravilloso. Hacían la rúa, callejeaban y se mezclaban los limpiabolsillos y los soldados de fortuna, que, según los visitantes, eran como arcángeles. Luego, otra vez, llegaron a Madrid los guiris hipnotizados. Fue en el Romanticismo. Vinieron atraídos por la leyenda de los toros, de los bandidos. Se volvieron locos por las piernas debajo de las faldas rojas cortas de aquellas morenas enigmáticas con claveles en la boca. También se quedaron prendidos en las medias de los toreros.

Habría, Paco Herrera, que mirar atrás, a las golas almidonadas, a las fajas de los manolos, a las blusas proletarias de la República. El Corte Inglés, las boutiques pijas, las diseñadoras, los modistos y las modistillas tienen que pensar en el otro Madrid, más profundo, muerta ya la movida primera y la movida segunda.

Están muy bien el chotis, Arniches, la chulapería y el almodovarismo, pero está mejor el chaleco y el dandismo. Azorín, y otros del 98, y postrománticos siguieron el mandato de André Gide: «Cuando voy a un pueblo lo primero que hago es visitar los cementerios». Iban al de San Nicolás donde estaban enterrados Larra y Espronceda y celebraban homenajes fúnebres en honor de los maestros. «Cuando años más tarde se exhumaron los restos de Espronceda para trasladarlos a otro cementerio, yo estaba presente. Los restos eran un montón informe de huesos, cenizas y arrapiezos. Se conservaba intacto, sin embargo, el chaleco del poeta, prenda de fina seda de color tabaco, con botones de nácar. Corté un pedacito, con un botón, y en un profano relicario lo guardé». Ese pedacito que Azorín guardó en un relicario es el alma de Madrid.

Hay que recuperar el abanico. Madrid no es sólo el cocido, ni el mantón, ni el chulangano, ni el majo, ni la chaira. Madrid es también el botón del chaleco de Espronceda. Larra era el Petronio del Romanticismo, el más molón del XIX. Iba vestido al estilo de los petimetres, que en Madrid tomaron el nombre de lechuguinos. Los románticos se anudaban la corbata a lo Byron con tanto arte como los espadachines se ajustaban la gola. Igual que los madrileños en su momento tiraron las pelucas, los bastones de las Indias, las calzas y los zapatos de hebilla, y se pusieron la chaqueta, el levitón, el frac y el sombrero de copa hay que tirar ahora la cutrería de los ochenta-noventa. Hay que dejar el abanico junto al botón del chaleco de Espronceda. «El abanico —escribe Gautier— corrige en alguna medida la tendencia al parisianismo. Una mujer sin abanico es algo que todavía no he visto en este bienaventurado país».

ESPECIES SIN PROTECCIÓN

Por Almudena Grandes

A la memoria de María del Carmen González

Leer su esquela en aquel periódico no me habría dolido más que verla en esa foto, pálida y demacrada, delgadísima, pero con los ojos muy maquillados y los labios perfilados al milímetro, igual que antes, ese mismo aire triste de vampiresa inepta que conservaba incluso cuando se cambiaba de ropa y empezaba a recoger la cocina canturreando música de salsa, los ballenatos a los que se había aficionado en casa de su exnovio el peruano, ese que no era peor que los que vinieron después pero sigue preso en Tarragona.

Ahora no sé si se reirá, pero entonces nos reíamos mucho, a coro, a carcajadas, intentando retorcerle el cogote al destino para que llegaran de una vez los buenos tiempos, esos que yo esperaba y ella fingía esperar sin esperanzas, porque los tiempos nunca son buenos para los que han nacido abocados al desastre. Y, sin embargo, la primera vez que la ví no fuí capaz de intuir su verdadera condición, y me temí prácticamente lo contrario, casi lo peor y desde luego lo que menos esperaba, sobre todo teniendo en cuenta que, menos de quince días antes de Navidad y al borde mismo de la desesperación, no me había quedado más remedio que recurrir a una agencia de servicio doméstico muy peculiar.

—Lo que nosotras hacemos es colocar a las mujeres jóvenes de esta zona, donde existen tantos... peligros para ellas, en casas particulares, para que así se ganen un sueldo honradamente ¿comprende? —me contó la monja que atendía el teléfono con palabras muy cuidadosamente escogidas—, y no cobramos nada, claro que cualquier donativo para la guardería que estamos montando en Villaverde Bajo nos vendría muy bien, la verdad...

Aflojé cinco mil pelas y, al día siguiente, cuando ví la joya que me había tocado en suerte, no supe decidir si me apetecía más llorar por ella o disfrutar del patente agravio que el aspecto de la chica en cuestión suponía para el prestigio de la obra a la que acababa de contribuir. Mari, alta y delgada, llevaba una minifalda negra de lycra muy ceñida, que la permitía enseñar las piernas —largas y estupendas, perfectamente proporcionadas, el único lujo genuino que la Naturaleza se había permitido en aquel cuerpo vistoso y sin embargo feo— hasta el exacto límite de lo decoroso. Describir con precisión otros aspectos resulta mucho más difícil, porque no existe un término capaz de definir, por ejemplo, el color de su pelo, esa media melena que en origen sería de color castaño oscuro, pero después de recibir un tinte tras otro —platino, cobrizo, caoba, rubio dorado, rubio ceniza, e incluso negro azulado una vez— durante un decenio, presentaba un tono vagamente amarillento con reflejos de todos los colores mencionados y alguno más. Para maquillarse seguía un criterio parecido al que imponía a su peluquera, esa especie de ilimitada codicia cromática que la hacía tan difícil de olvidar, y sin embargo, debo reconocer que hasta cierto punto daba el golpe, y estaba acostumbrada a triunfar en la eterna penumbra de las discotecas.

Claro, que lo que yo buscaba era una asistenta, y no estaba muy segura de haberla encontrado. Esa fue mi segunda equivocación, y de ningún error que hubiera cometido antes me alegré tanto como de aquel. Mari me demostró muy pronto que era capaz de gestionar con eficacia no sólo mi casa, sino cualquier cosa que no fuera su vida, aunque eso lo iría descubriendo después, poco a poco, mientras aprendía que responder con monosílabos a sus preguntas era la mejor manera de soltarle la lengua.

—¿Y tú no sales por ahí a ver escaparates, y de compras, y eso?

—No.

—¿Y por qué?

—Porque no me gusta.

—¡Ah, pues a mí me encanta! Fíjate, si esta tarde, por ejemplo, no hubiera quedado para ir al Golden, me iría con mis amigas a ver tiendas... Y no me compraría nada, porque no tengo un duro, no creas, que yo no sé qué me pasa con el dinero, que parece que tengo un agujero en cada mano... Entre lo que le tengo que dar a mi madre, lo que tengo que poner para la comida, el colegio del niño, los transportes, y todo eso, es que llego al día 15 sin una pela, y como Víctor tampoco puede gastarse el sueldo conmigo, pues...

Víctor era el amor-verdadero-para-toda-la-vida que tocaba aquel año. Estaba casado, naturalmente, y tenía un BX rojo que a Mari la volvía loca, y también tres hijos, claro, y una mujer por supuesto feísima, muy estropeada, una borde antipática y arisca que era una auténtica bruja pero, por descontado, le tenía cogido para siempre por oscuros motivos que no se podían contar, y le hacía muy desgraciado, pobrecito, y ella sabía que la quería de verdad aunque la tratara como a un trapo, y a veces incluso peor.

—No, si la culpa fue mía...

—¡Pero cómo va a ser culpa tuya, Mari, no me jodas, si parece que llevas el ojo pintado!

—Fue culpa mía porque él es muy celoso, y yo lo sé, pero como quería hacerle rabiar porque antesdeayer cumplíamos tres meses de salir juntos y me dejó plantada, yo empecé a vacilar con el camarero, y no tendría que haberlo hecho, porque sé que es muy celoso y se pone fuera de sí, de verdad, yo lo sabía, y sin embargo le dije a ese chico, Raúl se llama, que nos encendiera la vela que había en la mesita, y como no tenía cerillas, le dejé mi mechero y le dije, ten cuidado, no te quemes los deditos, y él me contestó que por mí no le importaría quemarse lo que fuera, y entonces se lió...

Luego siempre le regalaba algo chapado en oro, cualquier joya minúscula, un colgante en forma de corazón, o un anillo con una trenza de hilos tan finos que parecían de cable, y todo retornaba a una normalidad fría y gris como un pantano, un grumo espeso del que nunca conseguiría despegar los pies, y Víctor no era el peor, porque ella le quería con locura y él fingía a veces quererla de la misma manera, y en todo momento, en los días malos, y en los peores, ella lograba alimentarse de su propio amor, extraer fuerzas del paulatino proceso de destrucción que nunca habría desembocado en la ruina definitiva si otros personajes secundarios no hubieran tenido tanto papel en esta historia.

Cuando conocí a la madre de Mari, que se había ofrecido a hacerme unas cortinas, recibí una impresión exactamente opuesta a la que había obtenido del primer encuentro con su hija, como si el destino hubiera fijado el precio de la verdad en toda una cadena de errores sistemáticos. Treinta años antes, Carmen habría pertenecido a ese tipo de mujer del que mi abuela solía decir que era «finita», y a los cincuenta y cinco seguía aparentando esa finura adquirida, nunca congénita, que delata una cierta ambición en una determinada clase de mujeres, pero yo no supe leer la avaricia en aquella cara cuidada y limpia de maquillaje, no acerté a adivinar la mezquindad que alentaba en la señora simpática y modesta, tan sensata y tan decorosamente vestida, que parecía mirar a su hija con la misma solidaria e incondicional compasión que a mí me inspiraba.

—Muy guapa tu madre, Mari.

—¿A qué sí? Pues mi hermana es todavía más guapa. La única que ha salido fea he tenido que ser yo, ya ves.

—Tú no eres fea, no digas tonterías, anda...

—No poco, es lo que soy...

Tenía los ojos muy oscuros, muy bonitos, y a cambio una nariz horrible, torcida y con caballete, la cara demasiado delgada, más chupada que afilada, y la piel rugosa, pero era hermosa por dentro, divertida y generosa, alegre y bienpensada, cariñosa, tierna, buena, una de esas personas que nos hacen recordar los cuentos que nos contaban de pequeños y dudar al mismo tiempo de todo lo que nos hemos empeñado en contarnos a nosotros mismos después, porque, al cabo, resulta que en las historias de la vida real también hay buenos buenísimos de la gloria, y malos malísimos de la muerte, aunque el crimen nunca pague y las buenas obras no se cobren. La madre de Mari, incluso, se las arreglaba para cobrar por las malas, y que su hija tuviera que pagar una especie de alquiler por haberse refugiado en su casa después de separarse de su marido, no tendría ninguna importancia ella no estuviera cobrando dos pensiones y trabajando al mismo tiempo.

—Así que tuve que dejar a mi hijo mayor viviendo con mi marido —me contó una vez—, porque para todo no me llegaba, pero como luego tuve al otro y su padre no quiso saber nada, pues mi madre me dijo que había que poner más, claro, y el colegio y todo, y así estoy, hecha polvo, y ella no lo entiende, y me dice que si no tengo dinero, que me vaya a trabajar donde mi hermana, pero yo no quiero, bueno, no es que no quiera, es que no puedo, y se lo tengo dicho, mira mamá, yo no puedo meterme en un club porque a mí los hombres me gustan, me gustan muchísimo, ¿no lo entiendes?, y ella dale que te pego, que precisamente por eso, porque me gustan, debería meterme en un club, y no es eso, para nada, es justo lo contrario, porque, a ver, si no te gustan en general, lo mismo te da uno que otro, debe ser como ducharse por las mañanas, pero si algunos te gustan mucho, pues la mayoría te tiene que dar cien patadas, ¿o no? ¡A ver si no tengo razón!

La hija mayor de Carmen trabajaba por las noches en una barra americana donde, según su hermana, ganaba muchísimo dinero, que gastaba casi exclusivamente en sus dos actividades favoritas: comprar pequeños electrodomésticos y objetos en general a través de la televisión —se pasaba las mañanas enteras haciendo zapping, de teletienda en teletienda—, y operarse de —como mínimo— la mitad de las cosas de las que se ha operado Cher. Mari empezaba a contar y no paraba, colágeno en los labios, implantes de pelo en el cráneo, liftings alrededor de los ojos, pómulos altos, papada fuera, tetas como nuevas, la tripa lisa como La Mancha y liposucción hasta en el borde del alma.

—Y, claro, pues ahora mi madre también quiere...

—¡¿Tu madre...?! ¿A sus años?

—Pues sí. Le han dicho no se qué de un hilo de oro que te lo meten por debajo de la piel y te deja sin arrugas, y está ahorrando para eso, y lo conseguirá, no creas, porque buena es esa cuando hay pesetas de por medio... Por eso no quiere que deje a Víctor, porque sabe que como me quede sola otra vez se va a tirar un montón de tiempo sin sacarme un duro. ¡Figúrate que ya no va ni a la compra! Se ha enterado de que en la parroquia reparten comida cada quince días, los europeos, ¿sabes?, los de la Comunidad esa, que por lo visto ahora mandan de todo para los pobres. Total, que ella fue, se apuntó, y ahora, cada dos semanas, se pone la ropa negra más vieja que tiene, se tapa la cabeza con un pañuelo, y para allí que se va, y la dan de todo, no creas, aceite, azúcar, latas... Dos cajas de cartón hasta arriba, se trajo el otro día.

—Pero eso es de miserables, Mari...

—Pues será, pero mejor que a mí ya le va.

Tardé algún tiempo en adivinar que su madre me tenía manía porque, en su opinión, le estaba llenando la cabeza de ideas raras. Si hubiera adivinado hasta qué punto fracasé en el intento de reconstruir en su hija el concepto de la propia estima, se habría podido ahorrar, además, sus opiniones.

Cuando ví aquella foto en el periódico, lo primero que me vino a la memoria fueron nuestras largas conversaciones acerca de mi casa, de mi barrio, la discusión que empezó un buen día sin previo aviso, después de que ella me comentara que estaba pensando en meter a su hijo pequeño interno en un colegio de las afueras.

—¡Ah! Pues entonces podrías quedarte a dormir aquí si quieres...

Había intentado convencerla muchas veces y siempre me había dicho que no, pero me dije que insistir no costaba nada, lo que peor llevo de la maternidad es la nostalgia de aquellos tiempos en que para salir por la noche a tomar copas sólo había que decidirlo y coger la puerta.

—Piénsatelo, Mari —continué—, por un lado, yo te pagaría más, y por otro, vivir te saldría más barato, y además podrías traerte al niño los fines de semana, o irte a casa de tu madre los viernes por la noche, como quieras, nos turnaríamos para salir, y...

—¿Aquí? —me cortó, en su rostro una expresión cercana al asco que no fuí capaz de interpretar—. ¿En esta casa?

—Pues sí, hija, no tengo otra.

—Ya... Eso es lo que tendrías que hacer tú, irte de aquí. De este barrio, quiero decir.

—¡Anda! —exclamé, cada vez más sorprendida—. ¿Y por qué? Si llevo viviendo aquí toda la vida...

A Mari no le gustaba el edificio donde vivo porque la pintura de la fachada, gris oscuro casi negro por culpa de los humos y de los años, estaba agrietada y llena de desconchones, se caía a pedazos. No le gustaba la puerta, que era de madera pintada de marrón, y mucho menos el portal, que no era tal cosa, sino un pasillo como el de casa, apenas un poco más ancho. No le gustaba la escalera porque no había ascensor, ni los patios porque eran oscuros y pequeños, ni el piso, porque los techos eran demasiado altos, y las paredes tenían panza, y el baño estaba muy lejos de los dormitorios, y las habitaciones exteriores tenían adosado un cuarto ciego.

—Lo que tú tendrías que hacer —me decía siempre—, es comprarte uno de esos pisos modernos con dos terrazas, y carpintería de aluminio, y los baños dentro de los dormitorios ¿sabes cuáles te digo? —yo asentía con la cabeza y ella seguía hablando, repitiendo siempre el mismo discurso, en idéntico orden, palabra por palabra—. Yo tampoco me quedaría a dormir allí, pero tú tendrías una casa con un portal como Dios manda, con una puerta de cristal, y muchas plantas, y ascensores para subir las bolsas de la compra y un portero que recoja la basura, que te la dejas todos los días en la cocina y en verano huele que apesta... En una zona que esté bien, donde se aparque, lejos del centro.

—¿Ves? Ahí es donde te equivocas —solía contestar yo—. Porque si yo me voy de aquí, si se van de aquí los que son como yo, dentro de diez años Madrid no será Madrid, pero lo que habrá en esta zona, precisamente, serán casas de esas que a tí te gustan tanto.

—¡Pues tanto mejor!

Yo intentaba explicarle que cada ciudad tiene un corazón, y que el corazón de esta ciudad, que era también la suya, tenía que seguir latiendo a toda costa, pero ella no podía comprender la grandeza de los condenados, el heroísmo de los resistentes, la dignidad de los supervivientes, porque nunca experimentó esos sentimientos en sí misma, jamás comprendió que Madrid y ella tendrían que estar luchando en la misma trinchera.

—Está todo arruinado, ¿es que no lo ves? Sucio, abandonado, lleno de mendigos, de putas... Vamos, tú vendes esto para una oficina, por ejemplo, y con lo que te dan te vas adonde quieras.

—Pero si mi padre nació en la calle Velarde, Mari, y mi madre en Lope de Vega... ¿Adonde me voy a ir yo? Soy tan de aquí como los nombres de las calles. Y, fíjate lo que te digo, mis abuelos sacaron adelante a todos sus hijos en casas como esta cuando los padres de la mitad de los concejales que tenemos ahora estaban destripando terrones a cientos de kilómetros de la Puerta del Sol. ¿Y son esos los que me quieren decir a mí donde vivo?

—Y te lo puedo decir yo, en la mierda es donde vives.

—Sí, pero por culpa suya... ¿O es que tú también me vas a decir que Madrid perdió la honra en los conciertos de rock de los ochenta?

Ella cabeceaba en silencio, como diciendo, qué terca eres, y se callaba, porque en el fondo le daba lo mismo, total, ella vivía en Carabanchel, en una zona que no había conocido antes los brillos del centro, y tampoco tenía por qué compartir ahora sus sombras, y sin embargo, yo seguía intuyendo un paralelismo extraño entre su vida y la de la ciudad, como si en la década feliz de mis veinte años —cuando Madrid, el Madrid que me construyó tal y como soy ahora, parecía romperse por las costuras de pura fuerza, de vida y de energía—, me hubiera sido imposible tropezarme con una mujer así, y sólo un rato después me daba cuenta de que en aquella época Mari también tenía veinte años.

Y, sin embargo, yo tenía razón.

Fue la asistente social quien me explicó lo que había pasado hace apenas unos meses, más de un año después de que Mari desapareciera sin mediar palabra, mudo el teléfono de su casa, perpleja la monja que me la había enviado, ni un solo rastro, ni una pista que explicara su ausencia. Yo ni siquiera sabía que había dado mi teléfono en el colegio donde su hijo estaba interno, si no me hubieran llamado desde allí nunca me habría enterado de la verdad, y tal vez habría sido mejor, porque hasta que ví aquella foto en el periódico no me sentí capaz de aceptarla del todo.

Mientras aquella espeluznante historia de terror desgarraba

mis oídos como si las palabras tuvieran filo, comprendí que Carmen no se había llegado a operar para meterse un hilo de oro debajo de la piel, pero ni siquiera eso me hizo sonreir. La asistente no sabía quién la había convencido, pero estaba segura del precio, un millón, y de lo que había recibido a cambio.

—No, si se lo tienen muy bien montado, no crea... El caso es encontrar al primo, pero si se ha tragado el anzuelo antes de ver la chabola, luego todo va rodado. Lo primero es pactar con una familia que ya tenga asignado un piso del Ivima para ocupar la casa que dejan y hacerse pasar por los realojados. Entonces, el primo, en este caso la madre de su asistenta, va a ver la casa, le enseñan documentos falsos, habla con ellos, y le sueltan un cuento de hadas, que si han echado la instancia tres meses antes, que si va a salir una ley de realojo que lo va a hacer todo todavía más fácil, que si unos señores que ellos conocen tienen unos contactos estupendos en el Ayuntamiento, que pagando un poco al principio no hace falta reunir condiciones especiales para que te den muchos puntos... Cuando esta señora se quiso dar cuenta, se había quedado sin ahorros y vivía en una chabola, así de simple, vamos...

—¿Y qué se puede hacer?

—Nada. No hay papeles, no hay pruebas, no hay nada.

—¿Y de Mari qué sabe?

—Ni una palabra. Ni de ella ni del niño, por eso la he llamado. La última vez que la ví, cuando vino a recogerlo, me contó que les iban a dar un piso estupendo, con una terraza acristalada, y un portal precioso, con plantas, y ascensor...

Hace algún tiempo, uno de los centenares de poblados de chabolas que rodean Madrid, se hizo famoso durante un par de días porque uno de los vecinos había matado un lagarto de una especie protegida para comérselo, y recibido a cambio una multa por amenazar la fauna en peligro de extinción. Mari estaba al lado del criminal en una de las fotos, pálida y demacrada, tan abrumadoramente maquillada como siempre, la boca abierta en una mueca a medio camino entre la carcajada y el grito, en peligro de extinción ella también, desprotegida sin embargo por todas las leyes.

Antes nos reíamos mucho juntas. No sé si ahora seguirá riéndose, allí donde vive. Yo la quería.

REFUGIO DE PERDEDORES

Por Antonio Guerra

Hasta qué punto necesita Madrid que un grupo de escribanos la entierren con sus flores del mal, muy al estilo maldito de Baudelaire, es una cuestión discutible. Madrid siempre terminará escapándose de nuestro alcance entre coqueta y liviana, y nunca sabremos a qué carta quedar para llegar a lo más profundo de su conocimiento. Recuerdo que en un artículo que enviaba Luis Racionero desde Cambridge, a propósito del incendio del Liceo, se podía leer que estar abonado a este teatro barcelonés y ser socio del Barça eran unas señas de identidad imprescindibles para anclarse en la ciudad condal con un sentido de pertenencia. A mi mismo, que trabajé como periodista en el *Diario de Barcelona*, el viejo y afamado *Brusi*, me valió más amigos el hecho de presentarme el primer día en la Redacción con una gramática catalana bajo el brazo que cualquier mérito profesional o virtud. Hay ciudades que han establecido muy claramente sus señas de identidad, los códigos sociales con los que andar por ellas con cierta orientación.

Olvídese de tales requisitos en Madrid. Aquí nunca va a encontrar sortilegios ni claves para andar por la villa con un motu propio tan exclusivo como aldeano. Aquí lo desconcertante es que muchas veces vale todo, con tal que alguien grite a tiempo o sepa levantar la bandera de la discordia o el halago. Todos queremos ser uno en sí mismo, con un toque de distinción muy personal que hasta los marxistas de salón han incorporado. Sin saber que en una ciudad tan pajolera y zascandil terminamos siendo multitud. Aunque, eso sí, con un ramalazo libertario que siempre se queda en el amago. Que las formas son las formas y Madrid mucho Madrid. Alguien puede deducir que se trata entonces de una ciudad abierta como

Roma, donde el libre albedrío, rebelde a la razón y las imposiciones, es el mejor terreno para saciar apetitos, antojos y caprichos. Pues no, mire usted, tampoco acaba de ser Madrid esto, aunque se le parece. Pues ya me dirá en qué coño quedamos. ¿En el de la Bernarda? —inquirió mi disgustado y madrileño amigo—. Usted lo ha dicho. Así podemos empezar a entendernos. El coño de la Bernarda —con perdón para los que se escandalicen por la fonética del dicho— es la interpretación semántica que más se acerca al caos de Madrid en el entrar y salir de sus sueños y ensueños ciudadanos sin más orden ni concierto que la improvisación, y a un ritmo de vida cuyo derredor tiene poca relación con lo previsible.

La desorganización del tráfico, la suciedad, el matonismo callejero, la prisa sin motivo, la polución, la mendicidad de muñón de antes de la guerra que ha vuelto, la picaresca barata instalada en un patio de Monipodio amadrileñado, pero sin la gracia cervantina de la picaresca sevillana. Todo está contribuyendo a hacer de la ciudad un monumento a la antipatía. Pero con ser estas incomodidades domésticas tan alarmantes, no es aquí donde Madrid está marrando la presencia de su antiguo señorío manchego, sino al ofrecerse como alcoba de truhanes que hacen los madriles como quien hace su agosto con negocietes de trampa golfa y fina. Es verdad que Madrid siempre fue un poco putona y desconcertante, como está mandado en este viejo oficio. Desde resistir en la guerra civil con un no pasarán rojo, rojísimo, idealista y heroico, que demostró hasta donde puede llegar la dignidad de un pueblo, pasó a ser el Madrid de la Plaza de Oriente con su Caudillo al fondo, permitiéndole levantar la mano *(españoles, españoles todos)* durante treinta y seis años y un día, el día más largo del mundo. Después volvió otra vez el rojerío, aunque ha resultado descolorido y *fané* en un páramo de desencantos. Dicen las crónicas certeras que Madrid enamoró a un morenazo andaluz —y viceversa— quien la cubrió sin tregua en un cuchitril de Callao. Y en ese espacio de reconquista que va desde los *coi-*

tus interruptus de la clandestinidad hasta la gozosa y definitiva posesión de la ciudad, se forjó la causa de nuestras desgracias presentes. ¿Qué se puede esperar de una barragana que se abre de piernas con tanta facilidad ante el primero que llega?

El madrileño de toda la vida, con seis generaciones de sus ancestros nacidos en Madrid, se me ha quedado mirando muy serio en el curso de mi perorata. Sabe que lleva las de perder, porque sólo seiscientos mil madrileños, de sus cuatro millones de habitantes, pueden presentar este pedigrí. El resto es un gentío de aluvión que ha venido de todos los lugares. *Madrid, rompeolas de todas las Españas*, escribió Antonio Machado. De esta tópica definición del poeta, sólo el primer término de la metáfora es cierto, porque el costalazo que nos damos en Madrid es inevitable cuando no queda otro recurso. Pero eso de las Españas plurales jugando al festival centrípeto de un artificial nacionalismo patrio, nada de nada. A Madrid siempre se llega, y ya ha visto usted, mi amigo, cuantísimo personal es el llegado, huyendo de España, de todas las Españas del verso machadiano. La España del provincianismo, de la pobreza, del analfabetismo, de la injusticia; la España del cacique, la que huele a sotana, la de diteros judáicos que recuerdan a la puerta cada semana la miseria de sobrevivir a dita; la España de la niña embarazada sin apellido que la ampare, la del bala perdida que rompió con los modales y costumbres de la familia ilustre, la del parado, la putita, el maricón, la marimacho, los celestinos todos y el artista sin gloria, que es mucho más artista que el consagrado; la España de todo aquel que en el contorno de un pueblerío cruel le hacen la vida imposible en el secarral cainita e intolerante de la periferia que no perdona.

Me está usted llenando de escoria el Madrid del que vive y en el que vive a gusto. A esto en el lenguaje de Chamberí se llama poca vergüenza, y el que lo cuenta es un desagradecido, un caradura. Estaba que trinaba el madrileño en lo más profundo de su ofendido casticismo. Pretendí sacarle de la ira, que es mala consejera del diálogo: Se equivoca usted de cabo a rabo. No, ni mucho menos. La escoria nunca emigra. Suele sentar sus reales en el lugar donde medra. Allí parasita y vive de los demás haciendo del engaño virtud y de la sumisión un arte. El que emigra, me da igual que sea de grado o por la fuerza, ya lleva en su intención la virtud de ser libre, o quererlo ser, que es una actitud aún más noble y dura para quien se considera y quiere ser persona. Mi amigo madrileño es duro de pelar y tiene la respuesta firme y pronta: O sea, Madrid como refugio, reformatorio, casa de lenocinio y albergue de una tropa desasistida y golfa. Que no, hombre, que no —le digo. Sigue equivocándose, y permítame ahora una cursilería: Madrid es el crisol donde esta tropa se funde, y hasta se transforma, en un intento de liberación. La ciudad nunca hubiera sido nada sin este hampa, que tantas veces le ha dado la vida —y las ganas de vivir, que es mucho más importante que la vida misma— desde don Ramón María del Valle-Inclán a nuestros días. Mire usted, los modelos de catecismo, las perfectas casadas o los muy machos nunca han sabido ser, porque no les sale, la levadura de una comunidad.

¿Sabe usted por qué esta población de aluvión presenta un rostro común, acogedor y dicharachero? Porque todos están en el mismo empeño, en la misma empresa de sacar adelante el iluso proyecto de tentar la gloria, o sobrevivir como sea y al precio que sea. Otra cuestión es que lo logren. Porque justo cuando asoma la desesperación ante los intentos fallidos de la supervivencia, asistimos a un Madrid más negro de lo que usted puede imaginar. Es el Madrid de los fracasados. El que sepulta a una masa informe y anónima que ha cambiado el paisaje de sus orígenes por atardeceres de gasoil. Es entonces cuando llega el doble drama de la soledad en multitud, frente a una ciudad alegre y confiada, tan benaventina y falsa, que pasa indiferente ante la indigencia del que llegó a la estación de Atocha o de Delicias queriéndose comer el mundo, hasta que se lo comieron a él, trocándole un caudal de ilusiones en amarguras. Es difícil que usted comprenda tanta desventura desde su localidad privilegiada en el espectáculo de la ciudad del Reino. Estos son los madriles de la Extremadura rota de Leganés, de la Fuenlabrada andaluza, el Aluche manchego, el centro urbano ocupado por los gallegos en los servicios más humildes de la hostelería. Estos son, no lo olvide, los otros madrileños del vuelva usted mañana que hacen cola en las oficinas de desempleo, y en las fábricas o bares que piden aprendices, y a los que algunos de sus paisanos de raigambre a veces les sueltan sin escrúpulos un improperio que les traspasa el alma, o les dicen que no hay trabajo para los viejos, tan ni siquiera pedirles el carnet de identidad. Sólo miran las canas prematuras, las arrugas tempranas de un aburrimiento que se ha ido enquistando hasta caer sobre los cuerpos como una losa en el laberinto sin salida de la gran ciudad. Ya ha quedado lejana la taberna del pueblo y el dominó, el chascarrillo del Sebastián y el vino barato, que por más que los médicos lo prohiban para el hígado, siempre ayuda a diluir ese tiempo que se eterniza sin que nada pase.

¿Volver? Quíteselo de la cabeza. Harán lo que no está en los escritos antes de regresar, desarmados y vencidos, como el ejército republicano de sus padres, al terruño donde nunca jamás les van a perdonar haber fracasado en la capital. ¡Pero qué prisa tiene usted en devolverlos por SEUR con porte debido a su lugar de origen! Me recuerda a este alcalde de la derecha que padecemos todos, y cuyo alto grado de imbecilidad supera con creces todas las escalas del principio de Peter, que mide los niveles de incompetencia. Un alcalde como el señor Alvarez del Manzano, que es capaz de vomitar, ante la falta de viviendas sociales para los emigrantes, este exabrupto: *Que se queden en su casa, que nadie les ha llamado a Madrid*. ¿Ha visto una alcaldada más racista, más discriminadora y cruel? ¿Cómo se pueden consentir estas cosas a semejante esperpento sin partirle la cara respetuosamente? Ya sabe usted que hay muchas formas de partir la cara sin faltar al orden. ¿Y a mi qué me dice? —vociferó mi contertulio—. Yo tampoco soy de este alcalde. El mio era Tierno Galván, y se me murió cuando más falta hacía en este Madrid invadido de ratas y basura. Prosiga, ordenó con la autoridad que es de recibo en un madrileño cabreado.

Este país nuestro siempre se ha debatido en la puñetera dialéctica de vencedores y vencidos. Y le puedo asegurar que el Madrid que usted sueña de forma tan idelista es una buena fábrica de fracasos. Y de éxitos, clamó sin demora mi interlocutor, que tiene tendencia a la tribuna y la soflama. En el mismo tono de exaltación, continuó explicándome que muchos próceres de la periferia desembarcan en Madrid sin otra intención que el pelotazo del lustre y la peseta. Escúcheme, plumífero —me increpó, a pesar de que uno era todo oído y atención—: Hasta ayer, como quien dice, ilustrísimas plumas, políticos, comerciantes y gente de la buena mesa que hoy viven de la misma tierra y pasto que el oso y el madroño, criticaban a los madrileños con una mordacidad típica y exclusivamente aldeana. Y no sólo a nosotros, sino a los que trabajaban, amaban, vivían y reconocían en Madrid la ciudad más generosa y tolerante con los de fuera. A esos españoles de la diáspora que usted defiende con razón, estos advenedizos de buen ver les tachaban de amadrileñados desde sus reinos de taifas periféricos, e incluso censuraban a la capital de España por su centralismo, por su impersonalidad, por su habla retrechera que marca la distancia con superioridad capitalina, según ellos. Todo era malo en Madrid, vaya por Dios, y estos vates de los falsos nacionalismos provincianos se erigían en cancerberos del azahar sevillano o su Semana Santa, en pregoneros de la industria catalana, la paella valenciana, el plátano de Canarias, los mariscos de Galicia, los tomates de Murcia y otros topicazos.

Pero mire usted por donde —insistía el madriles en el colmo de su gesticulación y algo chulesco— estos representantes de la identidad periférica, censores del centralismo administrativo con el antimadrileñismo más feroz, han dejado su patria chica, su manido azahar, su *pantumaca* y sus frutos tropicales para ganar Madrid y vivir de ella con el menor esfuerzo, en la mayoría de los casos. No se extrañe que pronto hagan un canto a la Verbena de la Paloma o pronuncien conferencias en los cursos de verano, que son tan socorridos para este menester, sobre Mesonero Romanos o el Madrid acogedor y universal.

Madrid ha recibido —proseguía mi amigo ya lanzado— invasiones de toda condición y laya: gallegos de dulce trato que hicieron de su morriña y paisanaje su mejor mercado, extremeños de solemne y sana pordiosería, ahí está Leganés como usted muy bien señalaba; vascos y navarros a la búsqueda de licencias forales, conquenses que pronto olvidaron Cuenca y sus casas colgantes; valencianos, alicantinos y castellonenses que vendieron con la sabiduría del *Mare Nostrum* la dieta mediterránea como producto autóctono; murcianos de toda condición, catalanes que perdieron su virginidad nacionalista en el puente aéreo, al convencerse de que Madrid, *non fotis*, sigue siendo imprescindible para el negocio de las *pelas*. A todos, fíjese bien, los ha asimilado esta ciudad sin deglutirlos, cuidando su personalidad y sus recuerdos.

¿Y por qué no al contrario?, interrumpí a mi amigo ante aquel rosario de palabras, ante aquel mitin sin respiro de su enconado madrileñismo. ¿Y por qué no al contrario?— insistí. Tal vez esta integración, este amadrileñamiento en su condición de lacayo de Leganés o *primus inter* pares en la Moncloa, se ha producido a costa de sus raíces, de la renuncia a sus orígenes, sin esa nostalgia de guardarropía que me está vendiendo a bajo precio. Mire, yo soy un andaluz asimilado a Madrid desde hace muchos años. Esta circunstancia me proporciona un olfato especial para comprobar cuánta de mi gente, con sus socios, ha hecho de Madrid una almoneda o un tenderete para el tráfico de influencias en la política o los negocios, que vienen a ser lo mismo. Aquello tan cantado de ver cómo reluce, cuando por la puerta de Alcalá bajaban los andaluces, es una constante histórica en esta ciudad. Pero hoy, más que nunca, hay que saber separar el paño de la lana. No me confunda, por lo que más quiera, a la legión de andaluces que han hecho un refugio de esta ciudad con la honestidad de un trabajo honrado y la renuncia de ausencias ya curadas, con esta pandilla de facinerosos que han tomado la política como trampolín. Hoy vivimos el Madrid negro de los políticos andaluces en el poder que necesitaría un capítulo aparte. Pero ojo, mucho ojo avisor, que el nuevo andaluz que nos llega en el AVE sin retorno, ya converso de su antimadrileñismo militante, viene, ya está yendo a por todas, y trae la faca presta en el uso de esa navajería como en el sur se estila, donde entre copa y copa, entre canción y canción, te dejan seco de una puñalada trapera hasta las trancas. Es el rito de allí, y de todos los pueblos anestesiados por tanta renunciación. Se trata de pasar por encima del cadáver de quien haga falta, en el loco afán de esta carrera por el poder que han emprendido. Se trata de ir al encuentro de una gloria enfermiza que no le han permitido en su lugar de origen. Madrid ha sufrido una invasión de políticos sevillanos que está pagando cara el resto del país. Me duele que su ciudad haya servido de escenario, una vez más, para los que hacen mercadería de lo divino y de lo humano.

* * * * * *

Entre preocupado y pensativo, mi amigo de tantos años abandonó la terraza madrileña sobre la que parecía tener derecho de pernada. Lamenté por un momento —en la flaqueza con que los radicales sublimamos la intransigencia— las duras aristas en las que había discurrido nuestra conversación. Al fin y al cabo, al margen de toda su parafernalia casticista, mi amigo es un hombre de bien y en muchas ocasiones ha contribuído con generosidad a hacer confortable mi ya larga residencia en la ciudad. Sin saber por qué, tal vez por la súbita soledad que me invadió en medio de la bulla de una urbe en todo su apogeo, regresé con pasmosa frescura al recuerdo de la niñez alquilada de mis primeros años en Madrid. A medida que envejecemos, la memoria ejerce un mecanismo de confabulación con el pasado: olvidamos, o pasamos por alto con voluntaria irreverencia, los hechos recientes, pero adquieren más relieve los datos de nuestra biografía remota. Y este fenómeno no es un signo presenil o de decadencia intelectual, como algunos afirman, sino un mecanismo de defensa para preservar las raíces de nuestra identidad frente a las agresiones de la gran ciudad.

Viví parte de mi niñez y juventud en Madrid, gracias a esa tía rica y mundana que todos tenemos en la familia. Recuerdo las meriendas en la cafetería *Dakota*, en la plaza de Antón Martín, con su inmenso avión siempre iniciando un esplendido vuelo desde el techo; el tráfico incesante de la calle Atocha, el descubrimiento del Metro, un mundo de lentejuelas a la salida del Calderón y el esplendor de aquel Madrid extraordinariamente acogedor que en un niño llega a significar algo más que la curiosidad saciada. A mi vuelta al terruño andaluz ya nada pudo ser lo mismo. Perdí definitivamente —y siempre he creído que para bien— la virginidad emocional y aldeana, tan incardinada en un pequeño pueblo muy al sur. Fue inevitable. Con el contento de mis tíos y el mío propio, volví a ganar Madrid. Pero todo empezó a cambiar, no sé si por razones de la edad o porque el Madrid de Lavapies, las Vistillas y las corralas de verdad donde había crecido (no *La Corrala* artificial de los veranos de ahora) empezaba a ser distinto. Por lo pronto, aunque la farmacia de El Globo seguía y sigue en la plaza de Antón Martín, con su bien surtida pastelería en medianera, la cafetería *Dakota* se había convertido en una sucursal bancaria, por razones obvias de lo que estaba ocurriendo en toda España. De todas formas, mis diecisiete años ya necesitaban menos de pastas, chocolate, soconusco y vuelos imaginarios en un avión decorativo. Ahora se trataba de otros vuelos más pegados a la realidad, aunque nunca dejaron de estar azuzados por la imaginación.

Esta segunda cita con un Madrid que fue determinante para mí, fue en el teatro. Se estrenaba en España, creo que en *La Comedia, La loca de Chaillot*, de Jean Giraudoux, en la portentosa voz y mejores maneras de Amalia de la Torre. El exotismo del vestuario, la puesta en escena, el valiente desafío del texto —que los analfabetos censores no debieron entender—, la reverberación de la palabra en el antro parisino de imitación —en una traducción impecable que un día pude comprobar en París en su versión original— y la verdadera locura interpretativa de Amalia me empequeñecieron de emoción en aquel Madrid donde el teatro, todavía por inventar las subvenciones, era un rito de transformación de modas y costumbres más que un espectáculo.

Mi tía, ya arruinada como mandan los cánones de la mundanidad, cambió su residencia a Venezuela, formando parte de la diáspora de la emigración española. Lo mío no era el Caribe, pero tampoco el Sur, y mis padres supieron comprenderlo. Con Giraudoux en la retina y en el pensamiento, imaginando los bajos fondos de París, todavía con el eco de Amalia de la Torre clamando contra tanta cordura organizada, llegué a París una tarde que la estación de Austerlitz parecía el arca de Noé perdida en una lluvia densa y copiosa. De allí al Sindicato de Estudiantes, para ver la manera de compatibilizar estudios y trabajo, y cuatro años de Universidad que en poco desmerecieron lo que una noche había imaginado en un teatro de Madrid.

No hay que insistir sobre mi tercer encuentro con esta ciudad, ya de vueltas del largo periplo francés, porque lo ha ocupado con todo pormenor la conversación con mi castizo amigo. Perdido ya entre cronistas de la Corte, asistiendo al espectáculo que ha hecho pordiosera de ideas a una ciudad a la que tanto admiré y sigo queriendo, sólo me resta, si fuera experto en el difícil arte de la necrológica, escribir su epitafio. Pero esto sería como dar por terminada la relación tumultuosa con una querida a la que siempre se vuelve porque nadie como ella sabe abrirse de piernas en un oloroso mar de sábanas blancas bien planchadas. El destino de Madrid y su oficio es la prostitución, con la gozosa aceptación, consciente y festejada, del prostituido. *El viejo profesor* quiso hacer de ella una civitas romana, donde todos los ciudadanos participaran de la vida pública, pero la muerte acabó con el intento. Ahora Madrid ni siquiera imita a la ciudad-estado de los griegos, donde hombres y esclavos al menos sabían a qué atenerse en el uso de sus derechos y deberes. Esperemos que no termine siendo una de aquellas monarquías bárbaras donde, según Estrabón, todos eran esclavos menos uno.

CRÓNICA BASTANTE RARA

por Juan Madrid

Me gusta pasear por mi barrio por las mañanas. Las amas de casa van a la compra y los parados y los vagos como yo andamos por ahí sin hacer nada. Por las mañanas, mi barrio es diferente a por la noche. De día, los yonquis, los sirleros, los polis y los tipos de cazadora de cuero duermen y el barrio toma otro aspecto. Eso sí, tanto de día como de noche sigue habiendo papeles en el suelo, basuras y mierda de perro. Lo que pasa es que cuando está oscuro la mierda se ve menos y mi barrio parece más limpio. Antes se veían muchas jeringuillas por los suelos, ahora no. Parece que el personal tiende a fumarse el caballo y a pincharse menos. De todas maneras, mi barrio es una cosa de día y otra de noche.

Una mañana, muy temprano, antes de salir a pasear y a leer el periódico, fue a mi casa el inspector Canalejo, de la cercana comisaría. Canalejo había engordado bastante desde la última vez que lo ví y casi no lo reconocí. Eramos amigos porque intentaba escribir una novela policíaca con sus experiencias de veinte años de servicio y yo le daba algún que otro consejo literario.

Esta vez, Canalejo me traía una citación del comisario.

—¿A qué viene esto, Canalejo?—le pregunté.

—No te lo puedo decir, pero parece que ayer te vieron de copas con el «Erroll Flin».

—¿Con Morales?— pregunté yo.

—Eso es, con Morales— respondió Canalejo.

Era verdad, Canalejo tenía razón. Estuve con Morales tomando copas.

«Erroll Flin» es el seudónimo artístico de Faustino Morales, natural de un pueblo de Granada, y antiguo camarero del

Morocco, cuando el Morocco era un autentico cabaré. Parece ser, hace mucho tiempo, que el Morales ganó unas oposiciones al cuerpo de prisiones, aunque lo echaron enseguida. El decía que presentó la dimisión, pero nadie en el barrio se lo creyó. Todo el mundo sabía que el Morales tenía tres mujeres al punto en un club de San Blás, llamado Franklin. Quizás tuviera más de tres, pero eso eran especulaciones sin fundamento de gente del barrio que no lo apreciaba demasiado.

Quizás lo echaron por eso. Vayan ustedes a saber.

El Morales era bajo, macizo, repeinado y con esa clase de sonrisa que tienen algunos tipos que nunca dan propinas y encima se vanaglorian de eso. Se vestía en las boutiques de la calle Almirante y se echaba polvos de talco en los sobacos.

Bueno, fuí con Canalejo a la comisaría y me hicieron pasar a una salita donde había una mesa alargada de formica, varias sillas y una bandeja con una cafetera y tazas. Canalejo parecía preocupado y me sonreía constantemente.

Me presentó al nuevo comisario que tenía aspecto de profesor de geografía: pelo sobre la frente, chaqueta Cortefield y sonrisa fácil. Había sacado las oposiciones en la última convocatoria y decían que le faltaban un par de asignaturas para terminar económicas.

Junto al comisario entraron en la habitación otros dos policías. Uno de ellos era flaco y silencioso y se sentó lo más lejos posible de mí. El otro no se había afeitado la noche anterior y bostezaba todo el rato.

Bebimos café y charlamos sobre las terribles lluvias que azotaban Madrid ese otoño.

De pronto, me dijo el policía flaco:

—A tí tenía ganas de conocerte— abrió una carpeta donde había algunos recortes de prensa— ¿Tú has escrito ésto?

Me mostró la página de un periódico.

—Es el jefe del Grupo de la Judicial —me indicó Canalejo y volvió a sonreir.— Se llama Fernando.

Reconocí enseguida lo que me mostraba. Era un artículo

que había escrito el mes pasado. Distinguí algunos subrayados en rojo.

Fernando agitó el recorte.

—De manera que nosotros, los polis, somos unos mantas, ¿verdad? Y estamos todo el día tocandonos el bolo y no damos un palo al agua.

El artículo trataba sobre el asesinato de una vendedora de lotería de mi barrio. La vendedora se llamaba Remedios, doña Remedios y la había matado un presunto yonqui de un tiro de revólver al negarse ella a entregarle la recaudación de su quiosco. La policía tardó dos horas en llegar y fueron tantos que destrozaron las pruebas oculares. No pudieron ni sacar huellas.

—Bueno, verás —le respondí al policía—. No sé exactamente qué quieres decir.

—¿No? ¿No lo sabes? Pues es muy fácil. Siempre nos pones a parir en tus artículos.

—¿A quién? ¿A tí en concreto, a esta comisaría?

Fernando elevó la voz y golpeó la carpeta con la mano.

—¡A nosotros!

—Fernando —dijo el comisario y lo miró fijamente.

—Me joden todos estos tíos que se creen que lo saben todo sobre la actuación policial.

—¿Más café?— preguntó Canalejo, pero nadie le hizo caso.

El comisario volvió a sonreir.

—No estamos aquí para eso.—dijo y añadió:— Por cierto, he visto la serie esa que has hecho, «Turno de noche». ¿Tú has visto alguna vez a algún policía de carne y hueso?

—Bueno, es normal que no os sintais identificados... Es bastante normal, lo mismo pasaría con una serie sobre enfermeras o médicos.

Fernando, el policía flaco, Jefe del Grupo de la Judicial en la comisaría, cerró la carpeta con fuerza.

—Tú no has visto a un policía en tu puta vida. ¿Por que te metes en lo que no sabes?

—Fernando —insistió otra vez el comisario.

—¿Vas a escribir algún articulito sobre el «Erroll Flin»? Habrá mucha carnaza con eso, seguro que puedes sacar bastante pasta. Y, de paso, nos pones a parir, que siempre ayuda.

—¿El Morales? —pregunté y miré a cada uno de los policías— ¿Qué ha pasado con el Morales?

—Ayer te vieron con él, ¿no? —me preguntó el comisario—. Creo que estuvisteis en el «Pepe Botella».

—Bueno, sí. Nos tomamos una copas. ¿Pero qué pasa con él?

—¿Hasta qué hora? —me preguntó el comisario.

—¿Hora? Bueno, creo que serian las diez o diez media. Yo me fuí y el Morales se quedó en el «Pepe Botella. Bueno, ¿alguién me va a decir qué ha pasado?

Volvió a preguntarme el comisario:

—¿A qué hora lo encontraste en el «Pepe Botella»?

—Serian las siete. Pero, un momento, ¿tengo que llamar a mi abogado?

—Sí —contestó Fernando.

—No —dijo el comisario—. Esto es una charla entre amigos, nada más.

Canalejo se contemplaba las uñas con atención y el otro policía, el de la barba crecidas, que solo había abierto la boca para bostezar, dijo:

—¿Crees que necesitas un abogado? Entonces es que has hecho algo malo, ¿no? Vamos, digo yo.

Canalejo me ayudó.

—Mira, es que anoche mataron a «Erroll Flin». Lo encontraron en su casa cosido a puñaladas.

—¿Al Morales? ¿Se han cargado al Morales?

Le dí vueltas al café con la cucharilla y lo apuré de un sólo trago. Estaba frío. A continuación moví la cabeza con desaprobación y pensé en el Morales cosido a puñaladas.

—Es mejor que nos lo cuentes todo —me dijo el comisario— Así es mejor.

—¿No vas a llamar a un abogado? —insistió el Jefe de la Judicial.

—Venga, Fernando, venga, que no hace falta —manifestó el comisario— Que nos lo va a contar todo.

—De paso, así podrás sacarte otro articulito y llevarte una pasta, ¿verdad? —dijo el de la Judicial—. Así es como sacas tú pasta.

Aquella tarde, Morales estaba apoyado en el mostrador del «Pepe Botella» tomándose petisuis de crema y bebiendo café con leche en taza mediana. Vestía uno de esos trajes modernos que parecen, antes de ponertelos, pisoteados y arrastrados por el suelo. A su lado se apoyaba también en el mostrador una chica con una minifalda que podía ser envuelta en un sello de correos.

El Morales me abrazó y me señaló a la chica.

—Se llama Rosa María Sanchez, pero la vamos a llamar Rosa Carol. ¿Qué te parece el nombre, eh? ¿Te gusta? Me lo he inventado yo.

La chica me dió la mano. Tenía un rostro triangular, los ojos grandes y las pestañas le hacian sombra en las mejillas. Parecía abanicarse con ellas.

—Va a ser actriz, un bombazo —añadió el Morales—. Y yo voy a ser su manager.

—Quiero ser actriz, sabes —me dijo ella—. He nacido para ser actriz. Lo único que necesito es que alguien me dé una oportunidad.

—Este es el menda del que te he hablado antes y que vive en el barrio —dijo Morales, con la boca llena de petisuis de crema—. Sale mucho en televisión. Tienes que heberle visto en Telemadrid y ha escrito esa mierda de «Turno de Noche».

—¿Eres presentador de televisión?

—¿Quién, yo?

—Tiene 22 años—añadió Morales.

—No, soy guionista algunas veces.

—Haría cualquier cosa para ser actriz en televisión, vivo

para eso. Nada me importa —dijo la chica—. Y no estoy liada con el Morales. No estoy liada con nadie. Vivo sola y me paso el día estudiando en casa.

—Estudiando —repetí yo.

—Se montar a caballo, esgrima, ballet y un poco de karate. Y hago gimnasia a diario para estar en forma. Si quieres te lo demuestro. Puedes tocarme la pierna, verás lo dura que la tengo.

—Se nota—dije yo.

—Tócale la pierna, no seas panoli —insistió Morales.

—No, si se nota que las tiene duras, ya lo creo. No hay más que verlas.

—Este menda te puede dar una oportunidad, Carol. ¿No te dije que te iba a presentar gente?

—Si me contratas, no te arrepentirás.

—Bueno, verás, los contratos los hacen los productores, ellos son los que deciden. También pueden ayudar los directores algunas veces, pero no los guionistas. Los guionistas pintamos menos que la comadre de unos títeres. Un guionista no es nadie, es un tío al que le encargan un trabajo que luego todo el mundo cambia a su antojo. Y yo soy guionista, ¿entiendes?

—Modesto—dijo ella y entrecerró los ojos.

—No es modesto, es un gilipollas— dijo el Morales.

—Me gustaría que me conocieras mejor. ¿Qué te parece si nos vamos a otro sitio y hablamos? Quisiera hablar contigo. Ya sé que estás muy ocupado, me lo ha dicho Morales.

Morales me dió un codazo.

—No veas lo ocupado que está el menda.

Carraspeé con fuerza.

—Buena idea —dije—. ¿Te vienes con nosotros, Morales?

—No, es mejor que vayamos los dos solos —manifestó la chica.

Serían las diez cuando Rosa Carol y yo salimos del «Pepe Botella» y dejamos allí al Morales, alias «Erroll Flin». Esa fue la última vez que lo ví.

Llevé a Rosa Carol a la calle Robles, a un bar silencioso y apartado, llamado Café Robles. Nos sentamos en un rincón y ella pidió zumo de naranja embotellado y yo mezcla de anís dulce y seco.

—¿Bueno, me vas a tocar las piernas?

Se las toqué.

—¿A que están duras?

—Pues, sí. Si que lo están.

—Ahora prueba con los muslos.

—Dios mío.

—¿Qué?

—Nada, pero es que además de duros están muy suaves. Tienes la piel cantidad de suave.

—Es que me cepillo el cuerpo todos los días con una manopla. La piel se vuelve sedosa.

—¿Todo el cuerpo?

—Sí, enterito.

—¿Y te da tiempo de estudiar?

—Siempre he sido muy estudiosa. A los nueve años dirigí en el colegio de monjas una obra de teatro japonés, para que veas. Yo leo mucho, sabes.

—Ya.

—Cuando necesito dinero voy a un top-less de la calle Atocha y me saco catorce talegos diarios enseñando las tetas, de eso vivo. Pero no me acuesto con nadie, eh. Qué conste, yo no soy de esas.

—Ya, ¿catorce mil diarias, dices?

—Sí y sólo por sonreirle a los tíos y enseñarle las tetas —se echó hacia atrás en la silla y se contempló los pechos—. En medias y body y con tacones resulto bastante bien. Vamos, que estoy bastante buena. Tengo los pechos caidos hacia arriba, je, je, je, nunca llevo sujetador.

—Jesús.

—¿Qué? ¿Es que aparento más? La verdad, yo creo que aparento un poco más edad por el cuerpo que tengo, ¿no crees? Yo moldeo mi cuerpo.

—Tienes un cuerpo de juzgado de guardia.

—¿Cómo dices?

—Nada, no digo nada.

Levantó una pierna hasta rozar la cabeza con el muslo. El camarero, que avanzaba por la sala con la bandeja, tuvo que sentarse y abanicarse.

—Jesús. No vuelvas a hacer eso. Dios de mi vida.

—¿Qué has dicho?

—Creo que es mejor no vuelvas a levantar la pierna de esa manera. No te entenderían.

—¿Es que no te gusta?

—No, sí que me gusta, pero...

—No te preocupes, llevo braguitas, hoy las llevo porque la falda es muy pequeña, pero otros días no, no me gusta, sabes.

—Jesús.

—¿Qué?

—Nada, dios mío.

—Soy muy flexible, puedo hacer cualquier papel. ¿Quieres que me ponga cabeza abajo? Lo puedo hacer sin apoyarme en la pared.

—¡No!... quiero decir, no hace falta.

—Te acabo de decir que llevo braguitas.

—No sabes cuanto me alegro.

—Ahora, si quieres, preguntame lo que quieras de cultura general. Por ejemplo, ¿has visto que escándalo lo del principe Carlos y la pobre Diana?

Bueno, verán, el tiempo fue pasando y a eso de las once de la noche salí del Café Los Robles con Rosa Carol colgada de mi brazo, diciéndome que le daría igual un papel sencillo para empezar. No hubo manera de convencerla de que yo no era productor.

Atravesamos la plaza del Dos de Mayo y ya estaban los camellos ojo avizor en la esquina de Velarde y los juerguistas visitando bares. En general, lo que les decía antes de lo distinto que es mi barrio de día y de noche, ¿no?

¿No les dije eso antes?

UNA ESCENA DE COSTUMBRISMO HISTÉRICO

Por Javier Maqua

La noche de autos del viernes 22 de abril de 1994, a Carmen Madridejos Escartín, de 33 años de edad, domiciliada en la calle Maldonado número 35 de esta capital, le costó lo suyo convencer a su amiga, Concha López Bustamante, de 42, inquilina del número 3 de la céntrica calle de San Lorenzo, para que saliera de casa: doña Concha, a quien una poliomelitis dejó paralítica a mediados de los 50, pese a su carácter entusiasta, acostumbra —qué remedio— a ser prudente; y a los fines de semana les tiene mucho respeto.

—Venga, mujer —insistió, no obstante, Carmen, aquella noche—, no seas cobardona. Te vas a amuermar, todo el día sentada en tu sillita de ruedas, delante del televisor. Y hace una noche espléndida. ¿Es que no te fías de mí? Tengo fuerza en los brazos para trajinarte de aquí para allá sin el más mínimo riesgo.

—No es eso, Carmen —rió su amiga—. Es que es fin de semana y los fines de semana todos se vuelven locos. La circulación está...

—Pues no se hable más, Concha: soy una conductora de carritos muy competente, ya lo sabes. ¡Para algo me tenía que servir haber sido repartidora de Correos!

Y dicho y hecho.

Las ciudadanas doña Concha López Bustamante y doña Carmen Madridejos Escartín declararon más tarde que la velada transcurrió espléndida, amistosa y sin contratiempos, hasta que, pasada la medianoche, ambas salieron contentas del céntrico restorán donde habían cenado, decididas a tomarse una última copita en un pub, algunas bocacalles más arriba.

Entonces comenzó el vía crucis que aquí se narra para que conste.

Continuando vivamente la charla iniciada en la mesa, Carmen manejaba con despreocupación y soltura la sillita de ruedas donde iba su amiga. Pronto, sin embargo, tuvo que interrumpir el diálogo y concentrarse en la conducción: era imposible caminar cuatro metros seguidos sin maniobra alguna.

Las aceras eran una senda llena de trampas: cada poco Carmen Madridejos tenía que agacharse, echar el freno del carrito, abandonar a Concha López Bustamante a su suerte, y quitar de enmedio cubos de basura, papeleras apeadas salvajemente de las farolas, pesadas motos atravesadas...; o sortear misteriosos socavones, boquetes criminales, baldosas levantadas, obras a medio hacer...

En todas las esquinas, los coches aparcados —sin que cupiera entre ellos un papel de fumar— eran un obstáculo insalvable, y la pareja debía detenerse para trazar una estrategia y, entre los escasos huecos practicables, estudiar el camino más corto: bajar por la acera una bocacalle hasta hallar una grieta salvadora en el muro automovilístico, cruzar, y volver a subir, por la acera de enfrente, para, habiendo recorrido ciento cincuenta dificilísimos metros, colocarse de nuevo a sólo tres de donde habían partido...

—Estoy echando músculos; mañana prescindo del gimnasio —comentó Carmen, con sentido del humor, intentando quitar hierro al asunto y tranquilizar a su alarmada amiga.

En un larguísimo trecho, los autos subidos en la estrecha acera obligaron a Carmen, pese a las protestas de Concha, a conducir el carrito por mitad de la calzada: primero, a la carrera, con los coches que, a toda velocidad, venían de frente a la paralítica ciudadana, tapándose los ojos y gritando aterrorizada; luego, encabezando, cachazudas, reinvindicativas, una caravana de conductores borrachos que venía detrás, metiéndolas prisa a bocinazos...

—¡Vamonos a casa! ¡Salgamos de este infierno! —suplicaba, impotente, doña Concha López Bustamente.

Pese a su frustración, ambas ciudadanas resolvieron olvidar la última copa y tomar el camino de vuelta a casa; tiempo habría para continuar la grata conversación sin tanto desasosiego.

Cuando, al fin, peladas de frío —pues no pudieron hallar un solo taxi libre—, Concha López Bustamante y Carmen Madridejos Escartín lograron llegar a casa de la primera, un coche, aparcado sobre la acera, bloqueaba el portal entero (Toyota encarnado; matrícula M-2743-ZX).

—Y ahora, ¿qué hacemos? —balbuceó, tiritando, doña Concha, desde su silla de ruedas.

—Tendré que dejarte sola unos minutos —respondió su amiga—. Tenemos que encontrar al dueño.

Abandonada, como puta de mala fortuna, bajo una farola, en mitad de la noche capitalina, doña Concha disimuló su miedo, sosteniendo el espejito de la polvera con su mano izquierda y repasándose la pintura de los labios con la derecha. Una banda de pelados gritadores —cuero y metal—, completamente ciegos, pasó a su lado de estampida, sin más incidente que un leve estremecimiento de su silla. Doña Concha, con disimulo, a través del espejuelo fue viendo cómo, calle abajo, aquellos cafres, como todos los fines de semana, arrancaban, una a una, la ristra de papeleras, y descuajeringaban cuanto espejo retrovisor se cruzaba en su camino.

A sus pies, en el alcornoque de un erguido palitroque que alguna vez quiso ser árbol —exactamente el 12 de octubre de 1980, fecha en que, según rezaba el ladrillo conmemorativo, la propia Concha L. Bustamante lo había plantado—, observó el rielar de la luna sobre las jeringuillas y el amarillo oro de los podridos limones.

"Oh limón amarillo, patria de mi calentura —recitó internamente doña Concha recordando a Miguel Hernández—; si te suelto en el aire, oh limón amarillo, me darás un relámpago en resumen". Y así —"al polo Norte del limón amargo, al polo Norte del limón subiera; que no a tu Sur, y subo sin embargo"— fueron pasando los minutos.

Tras varios intentos frustrados de localizar al propietario del vehículo en los bares aledaños, preocupada por su abandonada amiga, Carmen Madridejos Escartín, regresó al portal.

—Creí que no ibas a volver nunca —suspiró la impedida.

—Misión fracasada: ni rastro del conductor.

—Habrá que llamar a la policía.

—Ya lo he hecho. ¿No oyes las bocinas? Esos reflejos azules son las luces de sus coches. Hay docenas en los bulevares; están muy ocupados haciendo un control de alcoholemia. Que si pueden, se pasan: eso me han dicho...

—Pero nos vamos a quedar carámbano. No me he traído la rebeca.

—Ponte la mía.

—Pero, mujer...

—No te preocupes, estoy muy acalorada.

Como, una hora después, nadie apareciera en su ayuda, el frío arreciara y Concha López Bustamante comenzara a estornudar, Carmen Madridejos Escartín, desesperada, decidió gatear por encima del vehículo.

A cuatro patas sobre el capó, deslizando con dificultad el brazo entre la carrocería y la hoja del portal logró alcanzar la cerradura e introducir la llave.

—Primera fase, coronada con éxito —exclamó, poniéndose en jarras, a lo machote, sobre el techo del automóvil, mientras, a su espalda, la puerta se abría, lenta, rechinante, en sus goznes, dejando ver la oscuridad del anhelado zaguán.

—¿Qué vas a hacer? —preguntó, temerosa, doña Concha.

—Depositarte en tu hogar, sana y salva. Como me llamo Carmen, que lo haré.

—De ninguna manera.

—Tú, a callar.

Descendió Carmen Madridejos a la acera, tomó a su amiga

en brazos y, como maleta en la baca, la depositó sobre el capó. Despatarrada allí cuan larga era no se acertaba a distinguir con claridad si doña Concha López Bustamante reía o lloraba; sí, en todo caso, que un hipo incontenible hacía latir su cuerpo, como pez fuera del agua.

Carmen escaló de nuevo el automóvil, saltó a la oscuridad del zaguán y, agarrando a la impedida de un piececillo —"pie equino", llama la Medicina a lo que la poliomelitis dejó de él—, tiró del convulso fardo de carne humana estremecida, haciéndolo resbalar hasta el borde mismo del vehículo.

—Ahora, cuidado; agárrate de mi cuello.

Un último tironcillo y el cuerpo de doña Concha López Bustamante se precipitó en el vacío para caer en los brazos de la espontánea bombera que, abajo, apretando los dientes, sus tacones bien plantados sobre el suelo, lo aguardaba.

Carmen Madridejos Escartín y Concha López Bustamente rodaron, enredadas, portal adentro.

—¿Te has hecho daño? —preguntó Carmen.

—Estoy entera —tartamudeó doña Concha—; todo lo entera que yo puedo estar.

Carcajadas flojas e histéricas impedían a Carmen desembarazarse del cuerpo abrazado de su amiga e incorporarse de nuevo; tal era la flojera, que, una y otra vez, resbalaba bajo su peso, desternillándose de risa y llorando de rabia; y el tótum revolútum que formaban se iba enmarañando, poco a poco, inextricablemente, a cada fallido intento.

Con buen criterio, determinaron fumarse un pitillo en el suelo hasta calmar sus nervios.

Fueron los más hermosos instantes de su larga amistad: la vida es una estafa, pero, a ratos, cuando menos se espera, un bienestar te funde y acuerda con el Universo entero, y el antes y el después son pájaro olvidado.

Consumidos los pitillos, recuperadas ambas, restablecida la memoria del suceso, Carmen abandonó a su amiga en el enlosado, y retrepó el automóvil en busca de la sillita de ruedas.

Apoyada contra la pared del zaguán, sus greñas despeinadas y corrido el rimel de sus ojos, lágrimas abajo, doña Concha López Bustamante —habitualmente de tan cuidado aspecto— parecía una Gisela rota y olvidada.

—Parezco un zancajo —murmuró, contemplándose en el espejo de enfrente—. Deberían contratarme para una película "gore".

Y se apretó con la mano la vejiga del pipí para impedir el chorro: ella sola se orinaba de risa.

No arrancó el automóvil, llevándose para siempre en su baca el polizón de Carmen Madridejos Escartín —en tránsito hacia el carrito de la paralítica al otro lado de la cordillera—, pero pudo hacerlo: sus propietarios —una pareja de jóvenes ejecutivos que habían pasado la noche en un bar de moda, con feroz portero, aspirante a estrella de cine— estaban ya al volante cuando escucharon asustados el estruendo de las pisadas de un presunto vagabundo sobre el techo de su vagón.

No obstante, no bien el Toyota hubo huído, cobarde, de la quema, despejada la boca del portal, Carmen Madridejos Escartín, sillita en ristre, pisó la caca de un perrito al borde del alcorque, hizo una graciosa pirueta en el aire y dio con sus huesos en la mierda.

—¿Qué ha sido ese ruido? —gritó Concha desde la oscuridad del portal.

Esguince de tobillo y quince días de baja.

Desde entonces, doña Concha López Bustamante, confinada en su hogar, se niega a salir a la calle.

II
YO SOY EL ALCORQUE

No me venga con coñas, señor Juez; soy inocente. Bastante tengo con esta asfixia de cemento que me ahoga; soy todo lo que queda de campo en esta puta calle, O.K.? Y no es culpa mía servir de vertedero a tanta tropa sin mañana. Esas jeringuillas, esos picos que se me oxidan encima, yo no los traje y, si continúan ahí un día más, qué quiere que le haga, acabarán dando esquejes, brotará un Jeringazus Arbústica, va usted a verlo, un cromo, todo el vecindario seropositivo a la primera poda, como se lo cuento.

Y, en lo que va de siglo, no he visto más agua que la de las potas de los beodos y la de los limones del yonqui, tronco, O.K.? Que ando sediento y nadie se apiada. Los de la manga riega y los barrenderos son ya historia. ¿Quienes son esos, colega? Hace que no les juno, la tira. ¿Cómo no quiere que cante? No canto: rujo, apesto, despido compañerismo. Ni los chuchos se me acercan, colega. Estoy más único que el Jehová ése antes de la semana procreadora. ¿Ve esa vara muerta, ese cadáver arborícola que me clavó la Sentá en mitad del cuore? Pues así: solateras cósmico yo, más sin amigos que un vampiro.

Así que no me venga con coñas, Señoría: yo no tengo la culpa de ningún esguince. Pero apióleme si le queda misericordia en la batería, señor Juez, mándeme un paleta que me rellene de hormigón y orí, orí, orí: punto final; que ando yo pidiendo la eutanasia desde que asesinaron a Prim... Y no haga caso de los ecologistas esos: si quieren campo que pongan macetas en los balcones, O.K.? Que yo agonizo con tanta ciudad de corbata, colega, deme mulé.

III
YO SOY LA CACA DEL PERRO

¿Y yo qué quiere que le haga, señor Juez? No hay más tierra que la del alcorque y las viejas no tienen riñones para agacharse a cobrar la catalina de sus chuchos. ¡Mire que aguanto hasta el último instante en la barriga del pobre animal para no caer donde no debo! ¡Hasta me prendo a su pelambrera y me quedo colgando de un hilo, esperando mejor momento, cuando lo veo retirarse, a mitad de la cagada, a zona prohibida! Pero ni por esas, ya ve usted, al mismísimo borde del alcorque fui a parar, a punto estuve de lograr yacer en tierra sagrada, el canto de un duro. Y es que los gozques no quieren ver ese alcorque ni en pintura. Compréndalo, señor letrado ¿quiere que cojan un sidazo? Donde hay jeringas, se lo dice una ñorda, que de eso entiende, no se jiña un can ni con diarrea; y las paredes, para dibujar la meada, no faltaba más, que eso sí que es arte popular y abstracto.

Ya le digo: o los del Ayuntamiento No Carnal crean cagódromos perrunos, o un desparrame de bosta y caninas por las aceras: y mucha suerte, Señoría.

IV
YO SOY LA ACERA

Oh, sí, muy anciana ya, señor Juez, no llevo la cuenta; había un melonar aquí debajo, creo, a principios de siglo, me parece, qué se yo. ¡He mudado de camisa tantas veces! Soy muy chaquetera yo, je je, mi naturaleza es reptiliana ¿comprende? Tengo alma de serpiente, corazón frío. De tanto en tanto me levantan, me afuracan, enredan en mis intestinos, me inyectan gas, reorganizan mis venas, apuntalan mi esqueleto... y vuelven a cerrarme. ¿No nota usted las cicatrices de mi pavimento, mis costuras? Los cirujanos son unos chapuzas; siempre intentan dejarme como estaba, pero quia; vuelcan la arena y el cemento, enrasan, tiran cordeles de un lado, lo viejo y lo nuevo quede igualado... Inútil, cosen fatal. Esas manchas —¿ve Su Señoría?—, cada una de ellas es una obra, un agujero; y me han abierto y cerrado y abierto de nuevo y vuelto a cubrir, muchas veces seguidas en pocos meses; primero los del agua, luego los de la Telefónica, finalmente los de la electricidad; siempre olvidaban algo dentro, nunca se pusieron de acuerdo entre ellos, es desesperante. ¿Cómo quiere que me conserve joven? Mariposas de la muerte por todas partes, un pellejo cuarteado, lleno de cicatrices, de manchas de distintos colores, de pecazas, una pena, me han hecho perrerías... Y el posoperatorio no le cuento, total dejadez, ni UVI, ni nada: rodean la herida con cuatro vallitas y se olvidan de mí... Acérquese usted allí, junto a la pared: un gamberro plantó sus pezuñas en la blandura del cemento en los 50 y, ya ve, las huellas de sus zapatos "Gorila" estampadas en mi espalda para toda la vida; y eso no es nada comparado con la cochinada que me adorna junto al alcorque... No, los corazones y las flechitas ya no se llevan, Señoría, eso es cosa de posguerra, ahora van al grano; pollazas con sus cojones colgando y sus buenas pelambreras, eso es lo que se estila... Oh, sí, sí, muy ocurrente señor Juez, la Historia de la Ciudad, claro, soy un auténtico mapa, pero maldita la gracia que me hace.

¿Conoce usted a Tronchado? Es un mendigo antañón, muy conocido por aquí; se cansó de mirar a los ojos a la vida, hace muchos años, y dejó caer la cabeza. No, no tiene el cuello quebrado ni nada parecido, Señoría, sencillamente le aburre erguirse; del cielo y sus nubes sólo tiene noticia por su reflejo en los charcos los días de lluvia; y lo mismo con los rascaleches y las farolas, con los hombres incluso: sólo los ve boca abajo en el agua sucia; tiene —¿cómo lo diría yo?— una "visión inversa de la vida", es un verdadero sabio. Y un acerólogo inveterado; cuando despierta tras una borrachera, averigua en qué calle está, sólo por las baldosas donde duerme; la Policía ha recurrido a él a menudo, es un extraordinario detective de pavimentos; más de un crimen se ha resuelto por su pericia solar. Si desea su Señoría descubrir al culpable, no lo dude, acuda a Tronchado: lo sabe todo sobre la capa de mierda que cubre la ciudad; nos conoce a todas nosotras, las aceras, una a una.

V
EPILOGUILLO

Y declaró Tronchado, sin levantar los ojos del suelo:

"Sí, Señoría, el cuerpo y la urbe transforman el alimento en excremento: fábricas de mierda; se lo digo por experiencia, nadie lo sabe mejor que yo. Sus zapatos, sin embargo, Señoría, brillan, ni una mácula de polvo. Los jueces cuidan mucho su calzado, ¿no es verdad, Señoría...?

"Hasta ahora, sin embargo, alimentos y excrementos se reciclaban formando el sistema de la vida: una parte del sistema se alimentaba del excremento de la otra parte; lo que excretaba la urbe nutría al campo ¿comprende? Pero el capitalismo de consumo es un sistema especializado en la fabricación de mierda en estado puro, no reciclable ni nutricia. Circula tanta información adulterada y tanto plástico que o no podemos asimilarlos o nos intoxican, como señaló un buen amigo mío, que en paz descanse, poco antes de morir en Valbasura; estamos perdiendo la memoria por saturación, las aceras están imposibles, ya no cabe mayor desorden. Cada vez tengo que caminar más lejos para ver a mis pies felices...

"¿Me pregunta usted por la situación de esta ciudad en los últimos años y, en particular, por el estado del pavimento que hizo imposible el tránsito de doña Concha? Le diré una cosa: a la acumulación general de basura no reciclable se añade aquí la desidia particular de los munícipes. Y sólo desescombrando, analizando y clasificando los desperdicios habrá cabida para la esperanza. Se lo dice un experto acerólogo, un cuello sin fuerza para sostener su pesada testa: los actuales responsables de la gobernación carecen de sueños y desprecian la basura. Jamás levantará ya este mendigo los ojos del suelo, jamás podrá doña Concha abandonar las paredes de su hogar, si esto sigue así.

Pero, ¿sabe lo que le digo? no me importa demasiado. Estoy empezando a comprender el idioma de mis amigas, las cucarachas que corren entre mis pies; dentro de poco tiempo —eso espero—, podré establecer diálogo con ellas, como San Francisco. Eso me estimula, Señoría. Tal vez tengan algo nuevo que decirme, algo útil, son muy viejas las cucarachas, más antiguas que nosotros, más sabias...".

LUCIANO
(LA PRIMERA MUERTE DE UN TAXIDERMISTA)

Por Joaquín Navarro Estevan

José no estaba en las máquinas recreativas de Santa Justa. El "quebrantahuesos" le había dicho que no iba por allí últimamente y que corrían voces de que andaba en líos con la pasma. Pero eso no era novedad. José no salía de una y entraba en otra. Aunque eran polis los que le obligaban a camellear también eran polis los que le colocaban marrones cuando hacía falta. José estaba colgado desde los doce años. Formaba parte de la legión de desahuciados del barrio. Más que Entrevías, entremierdas, entremares de mierda y pus, entrecoños de llanto y desespero.

Iba tranquilo por la calle del Pez, cerca de Silva. Había quedado con Rosa entre Tudescos y la Corredera y llegaba con tiempo de sobra. Se encontró de pronto con el madero al lado cogiéndole del brazo. Enseguida pensó en la yerba que llevaba, pero no era eso. El madero le pidió por favor, pero con rudeza, que subiera un momento a la Comisaría para completar una rueda de reconocimiento. No le gustó nada. No le gustaban los polis, los cuartelillos, las comisarías, las pistolas, los uniformes, la delincuencia legal, los hijoputas con carné, los verdugos autorizados... Pero era peligroso negarse. Sólo pidió rapidez porque tenía prisa. El madero le dijo que un minuto, que no se preocupase. Pero se preocupó al entrar y bajar a un sótano viejo y frío. Y se preocupó cuando lo pusieron junto a cuatro tipos encogidos y temblorosos. Y le dolió el vientre cuando le dijeron que se pusiera de perfil y después del otro lado y luego otra vez de frente. Y le dolió el pecho cuando le dijeron que no podía marcharse, que tenían que hacer otras cosas con él. Y quiso morirse cuando le comunicaron que la chica lo había reconocido.

Fue inútil que el madero que lo cogió en la calle dijera que no podía ser, de poco sirvió que otro de paisano, con ojos de buey, se echase a reír mientras decía "¡qué gilipollez! ¡qué leche!". Luciano no se rió. Nunca se había reído de unos maderos. Jamás le había causado hilaridad dar por sentadas, sabidas y admitidas la arbitrariedad, la irracionalidad y la violencia.

¿Qué había hecho el día anterior por la tarde? Había estado con Rosa en la Casa de Campo, cerca del lago. Era una buena tarde, tranquila y luminosa, con un frío pasable. Tomaron bocadillos y cerveza, se fumaron unos canutos y se acariciaron y no pasaron a más porque a Rosa no le gustaba hacerlo en la calle, "como una perra". Al anochecer empezaron los cohetes de las fiestas de Aluche. A Rosa le apetecía ir al baile, a Luciano no. Tenía el vientre algo jodido por la jamada del día anterior en el mesón del tío Candela, en Vicálvaro. Discutieron, pero no mucho. Hablaron de que si conservaban el curro pronto comprarían la moto y hasta podrían pensar en casarse. Rosa trabajaba de camarera en una cafetería del barrio. Luciano ayudaba a un taxidermista medio loco.

Lo de la moto les interesó mucho a los polis. ¿Dónde la tenía? No tenía ninguna, la quería comprar. ¿Y la de ayer, la que robó ayer? No sabía de qué le hablaban. Pero le chillaron y le golpearon y le llamaron asesino, cabrón, hijoputa, basura... El madero de ojos de buey intentaba protegerlo y dijo varias veces "¿pero estáis locos?" ¡no puede ser! ¡dejadlo tranquilo!". Pero el que llevaba la batuta, calvo y amarillo, que escupía al gritar, no paraba de pegarle y zarandearlo. De pronto se quedó mirando fijamente su chaqueta vaquera, que tenía unas manchas rojizas hacia la tetilla izquierda. Qué era aquello, dónde se había manchado, seguro que era sangre, seguro que al comecoños de mierda le salpicó la del chaval asesinado... Y venga bofetadas y patadas y gritos.

Hasta que llegó otro poli que parecía mandar más y dijo que había que hacer las cosas bien. Me subieron a una oficina marrón de muebles viejos. Tenía un sabor amargo en la boca y el estómago me llegaba hasta el paladar. No quise aceptar el pitillo que me ofrecían porque tenía miedo de que si respiraba profundamente soltaría allí mismo la pastilla. Alguien me leyó la historia de una pareja que, estando en la Casa de Campo, hacia el zoológico, fue atacada por un par de individuos. Les quitaron todo lo que llevaban sin apenas resistirse, pero cuando quisieron llevarse la moto —una hermosa Suzuki negra— el tío se cuadró. Entonces lo acuchillaron como si fuese un cerdo, lo dejaron desangrándose y se fueron en la moto. El cabrón que se cargó al tío llevaba, como yo, chaqueta y pantalón vaqueros y la tía había dicho que era yo. Pese a que le dijeron que me habían abordado en la calle para pedirme que completara la rueda, que no podía estar segura, que era demasiada casualidad, que mirara de nuevo, siguió en sus trece.

Luciano sintió un terrible frío en el pecho y las náuseas le quemaban la garganta. Sentía ganas de llorar pero los ojos permanecían secos. Le picaban y le dolían como picados por el alacrán, pero se mantenían secos. Dijo suavemente, como si recitase una letanía, que aquello era un tremendo error, que nada tenía que ver con esa historia, que la chica aquella se equivocaba, que quería verla y hablar con ella, que Rosa estuvo con él toda la tarde y hasta después de cenar, que nunca había pisado la cárcel aunque era hijo y vecino de Entrevías, joven y pobre y aficionado a la yerba, que nunca había herido a nadie, que si no les parecía mal quería un abogado, que si no les ofendía quería que avisaran al cura Enrique, el de los yonquis y las putas de Entrevías.

Me bajaron a una celda negra en la que había dos moros, un gitano y una de la Celsa. El gitano me dijo que los moros eran galafates (aún no sé qué es eso), que el de la Celsa era un narco y un randa y que él era perista. Me preguntó qué era yo y le contesté que un pobre gilipollas sin suerte, una mierda al sol, un cero a la izquierda. Y me eché a llorar hasta querer morirme. Cuando me dormí, las arpías entraron en la celda batiendo las alas con un ruido infernal y se arrojaron sobre mi camastro. Sólo podía ver sus ojillos crueles y astutos, llenos de maldad y de odio. Sus graznidos me horadaban los oídos y se adentraban en mi sangre. Sus picos me desgarraban la piel de vientre y del pecho y se clavaban en mis costillas. Se hincaron de pronto en mis ojos y me los sacaron de las órbitas. Sólo podía gemir y a veces gritar, pero sin moverme, congelado de terror y de frío. Cuando Rosa llegó montada en una moto reluciente, todas las arpías huyeron empavorecidas, como los vampiros ante una cruz de plata.

Cuando lo llevaron a la plaza de Castilla ya se sabía que las manchas de la chaqueta eran de morcilla, que Rosa había confirmado su declaración, ya sabían todos que no tenía antecedentes penales y sólo algunos policiales sin importancia. El cura Enrique se había presentado en la Comisaría y fue después al Juzgado para defenderle y apoyarle. Era buena gente y Luciano le ayudaba cuanto podía. Pero le odiaban muchos policías y algunos jueces. Decían que ocultaba criminales, que difamaba a la policía y a la justicia, que vivía de los yonquis y las putas que protegía, que era un terrorista y un provocador y un loco peligroso. Pero era la mejor gente que Luciano había conocido y tenía unas pelotas a prueba de bomba. Parecía una broma que fuese cura.

Hubo otra rueda en los sótanos del Juzgado. La chica volvió a reconocer a Luciano, que era el único que había visto antes, el único con chaqueta y pantalón vaquero, el único rubio y casi el único joven. El juez se tomó las molestias de tomarle declaración personalmente "dadas las curiosas circunstancias del caso". Interrogó también a la chica, que se cerró en banda a todo cuanto no fuese repetir "estoy segura de que es él, estoy segura, segura, segura...". No era por la indumentaria, ni por los ojos, ni por el pelo, ni por el porte. Era por todo al mismo tiempo, sin precisar detalles ni datos. Estaba segura y sanseacabó. Mantuvo todo el tiempo una actitud hostil y envarada. Cuando el juez le insistió en la importancia de su reconocimiento, ella espesó aún más su mirada de odio.

El juez me pareció un oficinista nervioso y apagado. Era difícil hablar con él, incluso responderle. Me cortaba continuamente repitiéndome que debía decir la verdad, que era lo mejor para mí. Cuando le contestaba que estaba diciendo la verdad desde el principio y que todo era un gigantesco error, movía la cabeza, parpadeaba y miraba melancólicamente al techo, como esperando alguna revelación. El abogado que me trajo el cura —se llamaba Marino— era brioso y decidido y, sorprendentemente, parecía creer en la justicia. Le pidió al juez un careo con la chica, exigió que un médico forense viera los golpes que me habían dado en Comisaría y solicitó mi inmediata libertad diciendo que aquello era "una absurda patraña de opereta". Pero el juez, más burocrático que nunca, seguía moviendo la cabeza y mirando al techo mientras parpadeaba con gran rapidez y decía "tranquilo, señor letrado, tranquilo, todo es muy extraño y hay que desenmarañarlo con calma, con mucha calma". Recordé, sin ninguna calma, lo que solía decir el cura Enrique: "nunca nuestros jueces son mejores que nosotros". Siempre pensé preguntarle si tampoco el cura Dios en el que creía. Pero no se lo pregunté.

La chica se llamaba Teresa y su novio Darío. Cuando lo mataron, faltaban dos meses para la boda. Darío era médico interno y quería especializarse en oncología. Teresa era hija única. Había hecho secretariado, biblioteconomía y asistencia social, pero ayudaba a su madre en la casa y la acompañaba a sus numerosas actividades parroquiales. Su padre hacía vida aparte con su peluquería, sus copas, sus peñas, sus putas y sus cartas. Cuando el cura Enrique fue a hablar con Teresa, no consiguió verla a solas ni un instante. Precisamente en el momento en que creyó ver en Teresa una cierta vacilación, como un sobresalto, acaso alguna congoja, su madre se puso en pie con brusquedad y expulsó sin más al cura prohibiéndole que volviese a pisar aquella casa. Enrique fue a entrevistarse con el padre pero éste se negó a hablar del caso. Lo único que tenía que decir era que su hija jamás mentía y que sólo aseguraba algo cuando era indudable. Era una chica decidida y valiente que, por algunos problemillas, había sufrido mucho y ahora sufría más. Era una pobre muchacha sin suerte y merecía (dijo esto último con emoción) comprensión y respeto.

Por su parte, Marino indagó en la Comisaría y en el entorno familiar, social y académico de Teresa había estado examinando álbumes fotográficos, antes del primer reconocimiento policial y había dicho estar casi segura de reconocer la fotografía de un joven que no tenía parecido alguno con Luciano y que, curiosamente, se parecía mucho a su novio. Cuando Teresa tenía diecisiete años, fue llevada con urgencia al Gregorio Marañón por un mal "chute" de caballo. El médico que la atendió la recordaba como una chica extraña y reconcentrada, con reacciones propias de una "border line". Su madre se la llevó rápidamente pese a que los médicos recomendaron algunos días más de observación y desde luego, la debida atención psiquiátrica.

Los primeros días de cárcel fueron de agonía. Me aterraba estar despierto y vivir aquella locura organizada, aquella degradación colectiva, aquella realidad demencial y deprimente. Pero también me aterraba dormirme para ser perseguido y torturado por las arpías, más numerosas y terribles dentro de la cárcel. Mis ojos, arrancados de sus órbitas, giraban y subían dando saltos monte arriba. Yo los perseguía para cogerlos e introducirlos nuevamente en mis cuencas vacías y sangrantes, pero cuando creía tenerlos a mi alcance sólo había cogido un puñado de guijarros que me desgarraban los párpados. De vez en cuando, los ojos se detenían sobre algún montículo y me miraban atentamente, con aire de asombro y burla. Entonces gritaba y gritaba hacia dentro hasta que daba gritos de verdad y provocaba protestas y maldiciones de mis colegas de celda. Pero aquello fue estabilizándose progresivamente, hasta que las pesadillas adoptaban la frialdad de la demencia. Siempre había sido un niño débil y enfermizo. Mi madre aseguraba que tenía una tristeza antigua.

Ante la insistencia de Marino y de Enrique, que siguieron buceando en la vida y milagros de Teresa, el juez ordenó el careo entre la chica y Luciano. La madre de Teresa presentó un certificado médico que desaconsejaba el careo pues podía causarle un choque nervioso y emocional muy grave. Como el juez insistió en practicarlo, la señora se descolgó con otro certificado en el que se alegaba que la chica estaba sometida a tratamiento de pre-infarto. Pero el juez no dió su brazo a torcer, más que por convencimiento por indignación ante una actitud que le parecía obstruccionista, asegurándole a aquella furiosa señora que todo se iba a hacer con la máxima delicadeza.

Finalmente llegó el día señalado. Luciano estaba aún más deprimido, menos vivo, más angustiado que cuando ingresó en la trena. Vomitaba continuamente, hasta quedarse sin bilis, hasta tener la boca como la tuera y el corazón de retama. Cuando lo metieron en el furgón, un madero tuvo que ayudarle a subir y hasta le dió una palmada de ánimo. Pero aquella mañana no iba a carearse con nadie. Nada más llegar a los sótanos de los juzgados, Marino fue a verle descompuesto para decirle que Teresa se había suicidado. Dejó una nota en la que escribió que su novio era un cerdo y Luciano otro cerdo y que no existía justicia para los cerdos. No escribió más. Apareció muerta encima de la cama, con la cara y el pecho llenos de arañazos, como de garras de arpía, y con más de cincuenta píldoras en el estómago. Completamente desnuda, con los ojos vidriosos y muy abiertos y con un cuchillo en su mano derecha. Aún conservaba manchas rojizas, como de carmín o de sangre.

ARCÁNGELES 3

Por Lourdes Ortiz

Junto a las tapias, los gitanos desentrañan los desperdicios de la ciudad y hay bocanadas de plomo gris sobre los tejados. Gabriel descubre los rincones, explora tascas con sus mosaicos infantiles a la espera de ser recuperadas por pintores hiperrealistas; visita pubs recién inaugurados, donde los muchachos se despeinan para contarse historias de cohetes interplanetarios y de aventureros intrépidos de mares del XIX; se adentra en cuevas de cemento alumbradas con luz negra y se retira ante el chasquido de las botellas que son pisoteadas al dar las dos; recorre cafeterías donde las señoras engordan su tristeza descolorida con ensaimadas y torteles; descubre bares en los que pueden tomarse los mejores cócteles; visita las panaderías que abren al amanecer, juega en las saunas de caballero y se ofrece a las miradas y a los roces; se pierde en los jardines y bendice la hierba donde se tumban los chavales en torno a un costo "que no está nada mal y me ha costado mucho menos que el del otro, que es un cara"; choca con las chabolas en los descampados y desde allí lanza imprecaciones a los señores diputados y a los ejecutivos con *squash* y vídeo de circuito cerrado; vagabundea por las plazas y se entusiasma con la diferencia.

—Donde esté la ciudad.

dice y se enamora de las calles y frecuenta tabernas en las que puede conseguirse un tinto "que merece la pena" por sólo cinco duros; devora bocadillos de calamares y compara hamburguesas; se despista en locales de mala fama y se encanalla para ponerse a tono; hurga en las pensiones de triste muerte y reelabora un neorrealismo celesco y del cincuenta que explique los chafarrinones de aceite mal oliente sobre la bata desteñida de la puta de "a dos mil el polvo y a lo tradicional, majo" y las ojeras del borracho que se desmorona en los portales y vomita en los bolsillos arrancados del brazo de la señora que "¡a dónde vamos a llegar...! Yo iba a la compra y...". Gabriel presta ganzúas a los niños descarriados que se mueren por esa radio que es guay y pone zancadillas a los taxistas que enarbolan mazas de hierro "porque, lo que es a mí, no me pasa, si me encuentro con uno le parto el alma..."; Gabriel atiza hogueras en los arrabales y enciende brasas al anochecer que iluminen los callejones donde los chulos esclavizan a niñitas despatarradas y los boticarios ponen cancelas de metatileno ya que "es la tercera vez en un mes y como nadie hace nada...".

Gabriel se pintarrajea las mejillas con colorete y solidario con el travestí, hace la esquina en la Castellana, luciendo tetas de silicona, ribeteadas con escotes a lo Olga Ramos; Gabriel se aproxima a los prostíbulos de lujo y pone esparadrapos de colores en los agujeros de las nalgas palmoteadas por el presidente de varias sociedades anónimas y en comandita y estropea el top-less de la muchacha con retales de estameña, que modifican el decorado y lo encutrecen ante el estupor del banquero que calienta sus quebraderos de cabeza y sus riñones con dos traguitos de Chivas que a "uno le dan marcha y te ponen en forma"; unta las aceras con palolú para dejar señales indicadoras a los macarras que se descuelgan al anochecer desde barrios sin nombre, apretándose la raída chaquetilla vaquera y malgastando los dos duros cotidianos de un paro de "yo ya no puedo darte más, yo no quiero gandules; ¡a ver cuándo trabajas!".

Gabriel se codea con niños bien de toda la vida que frecuentan el "ambiente" y se dejan invitar y coloca chinchetas bajo sus pies de mariquitas de alta costura y mirada a lo Bowie, mientras desliza sapos y cucharachas en el gin-tonic del treintañero afable que paga y se consuela de su carita blanda, franciscana y redonda de modistilla que comienza a decaer.

Gabriel se coloca cascos en las orejas para no oír el chirrido de los autobuses escolares, donde los niños triturados intercambian ordenadores de bolsillo y coleccionan fichas pedagógicas, redactadas por computadoras japonesas y psicólogas preparadas adecuadamente por el Ministerio de Educación. Desde las ventanillas, niños almacenados, encuadernados hacen señas a Gabriel, gestos confusos de reconocimiento, antes de ser distribuidos a diferentes barrios de la ciudad para que las mamás puedan utilizar champúes vitalizadores en sus cabellos y grandes dosis de camomila.

La ciudad es una metáfora; un vertedero de posibilidades que amplifican los transistores; al anochecer los elegidos descorchan botellas de champán y explican el mundo, la política internacional y las entretelas del gobierno a un Gabriel que aborrece los divanes rojos, la luz indirecta y los modales de una generación que ni siquiera fue perdida. Los chatarreros recogen restos de palabras y atiborran sus carritos con piezas desguazadas, ayudados por Gabriel que transplanta visones de mal gusto, chaquetillas de napa, compradas en Italia, moda ibicenca para directivos de la administración, faldas largas de culta latiniparla que ostenta citas mal traídas en los aros de los orejas; barbas afeitadas y barbas decorosas que crecen por primera vez, zapatos de doce mil y comidas de cuatro tenedores; Gabriel se amodorra con la carga y se deja mimar por artistas maduras y escritores que prometieron, olfatea entre las copas y hace equilibrios con las palabras y comprensivo baila tangos con actores de segunda, pone bandas de mérito en la pechera de abogados y jueces, y cuando les abandona, escucha aún el rasgueo de sus himnos patrióticos desafinados.

Gabriel esquiva a grupos en las aceras, rechaza ofertas, se deja conducir a infiernos pequeñitos, aplaude vídeos y permite que alguien le achuche bajo la luz de las linternas; luego, fatigado, duerme en el metro junto a los mendigos que alargan manos y muestran hijos embalsamados prematuramente y toca el acordeón para que lluevan las monedas sobre pañuelos blancos desplegados en las escaleras.

—A veces pienso que no te enteras de lo que pasa, comenta Gabriel; es como si vivieras en una campana de cristal, en una torre.

Torre de marfil, como entonces también, torre de marfil de ese cine Carretas, a dos duros el programa doble, torre de piratas valerosos y guerreros indomables que no sabía, no podía saber dada de malvados que no vestían trajes de corte, de mujeres desharrapadas, enfermas, hambrientas que ofendían con posible tuberculosis una tranquilidad de campanillas y confetis. La ciudad era entonces un mosaico borrado de sensaciones mojigatas, de rosarios y devociones marianas, calles de colegio y pinka comprada a una cincuenta; programas dobles en el Pavón, en el Postas, cuando todavía no era la zona negra de metemanos y ligues a deshora; de cines callejeros del desarrollo, de paja compartida, de descaro indecente a la europea con un tono pobre de ciudad de desarraigo, de tinte y calamares entre las piernas, de chulaponas y guindillas; entonces no, entonces cines de barrio purificados con interminables programas dobles en sección continua del brazo de aquella criada que contaba historias de crímenes rurales en la cocina, historias de niños degollados, sacamantecas y vírgenes deshonradas, un mundo de cines y criadas generosas que quizás habían sido rapadas al cero en otro antes, ese antes que ya no parecía existir porque allí estaban en la pantalla los príncipes valientes, Errol Flynn subido en lo más alto del palo de mesana, Stewart Granger colgado de las arañas del techo, mujercitas ñoñas que leíamos a Supermán y la pequeña Lulú y el Pato Donald, tebeos y más tebeos comprados en aquel kiosko de la puerta del Sol y las tortitas con nata en Riesgo o en Ilsa-Frigo y el aperitivo en un Lhardy de señoritos que conservaban aún huellas de un polvo, de unas trincheras que para nosotras eran sólo películas, muchas películas en las tardes del jueves y de los sábados y los domingos; una posguerra reducida a un insulso recorrido por un centro de la ciudad cuidadosamente barrido para que se percibieran gotas de ninguna de las sangres, para que los carniceros... Kilómetro cero de encuentros a las seis tarde, mientras allí dentro, en el viejo edificio; pero eso todavía no, eso no contaba en aquella ciudad de colegialas que comían pipas en los cines de programas dobles en sesión continua, en aquellas calles que no conservaban restos de bombardeos, de metralletas, de burros despanzurrados ni de mujeres rapadas al cero, ni del aceite de ricino metido con embudos en las bocas apretadas, ni de paseíllos al anochecer, ni de colas del estraperlo, ni del racionamiento, ni quedaban tampoco restos de aquellos amaneceres de soldados extranjeros, de aventureros a los Malraux, ni sonaba la ambulancia de Hemingway, ni sabíamos por tanto por qué doblaban las campanas; entonces sólo aquellos himnos bendecidos con corpus y procesiones y peregrinaciones a diferentes santuarios y virgencitas que se paseaban por la ciudad con las palomas pegadas en los hombros y cantábamos un Ave-Ave que rebotaba en las paredes del palacio, palacio usurpado, pisoteado por las botas de todos los generales, de todos los fantasmas de una pesadilla de siglos, mientras las niñas juntaban las manitas y entonaban canciones bajo una bandada de palomas blancas que se enrollaban en los velos de organdí, almidonados. Enfermeras higiénicas y eficaces introducían sus dedos cubiertos con guantes asépticos y hurgaban en nuestros tirabuzones, deshacían nuestras trenzas y santificaban nuestras aulas, avergonzadas por su intromisión, por aquella sospecha que traía desde las afueras bocanadas de una posible miseria, que era tan sólo fábula, leyenda de Perrault o de Dickens, cosas extraordinarias de relatos del XIX, piojos vergonzantes, liendres disimuladas, proletarias y desapacibles que podían contagiar aquellos mendigos valleinclanescos y maldicientes que aguardaban los domingos a la salida de la iglesia en la Iglesia de San José o en las Covadongas...

—Y, ¿ahora? ¿Qué sabes tú de lo que ocurre ahora? —pregunta Gabriel.

—Los tuyos, tú, no tenéis ni idea —insiste Gabriel—. Hay mucha más mierda de la que nunca podrías llegar a imaginar. Es fácil para ti, desde aquí, desde la máquina; pero vete a la Gran Vía, anda, vete a dar una vuelta por Recoletos, pasea por Vallecas, métete en la piel de...

Gabriel recorta rascacielos y pega chabolas sobre parques remozados.

—¡Te falta mala leche! Hay algo en lo que escribes que siempre tiene un aroma de purísima concepción. Se ve que nunca has pasado hambre y tus malos son malos de comic, de novelita de aventuras. La gente es mala sin grandeza, es como es...

Gabriel explora la otra cara de la ciudad; se revuelca en cenagales que le cubren las manos de llagas, vomita esperma y se sienta en las plazas junto a los viejos que toman el sol y cierra sus ojos para que olviden que están vivos; despliega sobre sus piernas un plano de Madrid y pone cruces rojas en todas las esquinas, luego lo clava con chinchetas junto a la cama y traza itinerarios con lápices de colores.

Suenan altavoces, ruidos de botas militares, marchas galácticas que encienden circuitos en los ordenadores caseros y los niños aprietan botones para que se enciendan fuegos artificiales en todas las pantallas. Madrid estalla, arde por sus cuatro costados, las ventanas se abren y desde los sótanos ascienden ratas despavoridas, que se atropellan en las escaleras, y las chimeneas se derriten supurando una lava negruzca que crea colgaduras fantásticas sobre los muros, sombras chinescas que adoptan posturas obscenas y se escurren hacia los callejones, mientras la gente se apelotona, se entrecruza, muge y lucha por escapar; la música a todo volumen aturde y confunde a los peatones desorientados que caminan al paso de la oca, con un vaivén ligeramente amanerado, como si estuvieran en la pasarela de un desfile de modas y desplegaran capas de astrakán o túnicas de seda beige; se oyen consignas precipitadas que aturullan a las amas de casa y descomponen el gesto de los vendedores; los perros galopan sobre el techo de los automóviles que hacen sonar sus bocinas, coreados por los aullidos de los muchachos en edad militar que se encogen dentro de uniformes recién planchados, mientras los botones de las casacas se funden formando quemaduras en la piel, dejando manchas sobre el pecho todavía sin vello, rosetones acanallados sobre sus cuerpos destinados al sacrificio; los tiestos se descuelgan de los balcones y convierten en improvisada jungla a las callejas donde saltan las ranas y reptan las culebras: los toreros, a la salida de los mercados, muestran las vísceras del toro, los testículos como trofeos, estandarte para arrastrar a las multitudes.

Madrid se desangra y los echadores de cartas se mesan los cabellos y reparten estampitas con la reliquia del santo para que los soldados puedan llevarla entre los dientes y morderla en el momento oportuno; las comparsas y el mascarón irrumpen haciendo resonar sartenes y cucharas de palo y sus corros frenéticos arrastran los sombreros de copa y las corbatas de seda natural que se enrollan a las nalgas enrojecidas de los chaperos y a los pechos exprimidos de las putas de la calle de la Montera, calle convertida en barricada en la que se acumulan toda clase de objetos extraídos del sex-shop de la esquina: enormes falos de goma plástica, dúctiles al tacto, forman caperuza protectora frente al silbido de unas balas que buscan con precisión el objetivo, persiguen a los pies, hacen saltar a las muchachas y a las mandamás que estampan un carmín morado sobre los cañones. Es una guerra de película con muchos brillos y sonido estereofónico, una contienda de muñecos desamparados, calvos, escuálidos que se aferran a pequeños recuerdos sacados de las mesillas de noche, de las repisas de la despensa y del vestidor: cajitas ridículas, ositos de trapo, boquillas desgastadas, botones de fantasía tipo años cincuenta, ceniceros con paisajes turísticos y montañas nevadas, cintas para el pelo, pasadores, gomas de borrar, comestibles, fotos desvaídas y monturas de gafas.

Se oyen vítores en medio de los alaridos destemplados, calentadores; se forman bandos enfrentados que se afanan por diferenciarse con signos, contraseñas, con cancioncillas que ridiculizan al enemigo y enfervorizan al igual; revientan cañerías y desbordan agua sucia pestilente las cloacas atestadas de niños desamparados que gimen reclamando el pecho de sus madres, perdidas en los grandes almacenes, enredadas en los echarpes de cretona, en las cortinas de raso, entre baúles de chucherías, mostradores abarrotados de adornos para el hogar, planchas, molinillos, lavaplatos que mueven sus cilindros, uniendo su sirena al gemido de los escaparates que han dejado maullar sus alarmas ante la presión de los vagabundos que arrastran sacos de harina, piezas de repuesto en carritos de inválido que se deslizan a velocidad de vértigo por las aceras, esquivando en las esquinas a grupos de distintas sectas que entonan salmos, hacen abluciones, juntan las manos, bailotean, rezan jaculatorias y levantan los brazos pidiendo clemencia.

Hay enfermeras espontáneas que cortan sábanas para vendar muñones a los valientes, héroes pulcros que rescatan viejas pérdidas en los retretes, señores apresados en el ascensor, niñitas tímidas que no han querido abandonar el armarito de los juguetes, y sacerdotes que prodigan bendiciones y hablan de Sodoma, de Gomorra y del juicio final mientras colocan mesas petitorias a la puerta de los Grandes Cines que abren sus puertas para cobijar a los caminantes despistados que esperan turno para enrolarse en cualquier de las grandes causas que den al fin un sentido a sus vidas; los jefes de protocolo reparten folletones informativos para que sean respetadas las jerarquías y surgen guerrilleros espontáneos que prenden galones de metal en sus cazadoras de cuero.

Gabriel/Jeremías grita ahora ante los edificios de adobe y anuncia el final de los tiempos, apunta con el índice a los rostros abobaliconados de fariseos y levitas, irrumpe en el Gran Sanedrín, donde los rayos de la ira dibujan triángulos de luz sobre su frente despejada.

El miedo sólo y ese silencio de cal pegajosa que deja los labios cerrados para que pueda sonar la música por todos los altavoces; más aún, más fuerte; la música y los cuerpos retorciéndose, contoneándose, escurriéndose, buscando un modo cualquiera de ser, una manera de sentirse vivir a través del tacto, del oído...

Ya no hay gran papá tiránico que destronar, no hay represiones caseras que permiten pequeñas y reparadoras revoluciones, enrolamiento en causas satisfactorias, consoladoras... hay el miedo y el asco y este inmenso carnaval de la ciudad enferma y adorable, esta ciudad de paralíticos, impotentes y raquíticos muñecones que danzan y danzan y preparan la sonrisa conveniente, la sonrisa cortés de "aquí no pasa nada" y visten trajes de colorines y calzan zapatos a la italiana y se desangran bajo los faroles y cuando les das la mano se desinflan como globos de plástico resistente, un plástico lucido; máscaras de cartón piedra risueñas, desangeladas, maniquíes que se desconchan y afean de tanto ser palpados, mercancía barata para la vista: hermosos y complacientes, calladitos, vistosos, saludables, decorativos.

Gabriel rompe en pedacitos el plano de la ciudad y enciende el televisor.

—Lo bueno que tiene Madrid, dice, es que se va pareciendo cada vez más a un buen anuncio de colonia para hombres. Tanto mangante me revuelve las tripas, te lo juro.

ATRACCIONES INFANTILES

Por Ana Rossetti

Para tí, Alex

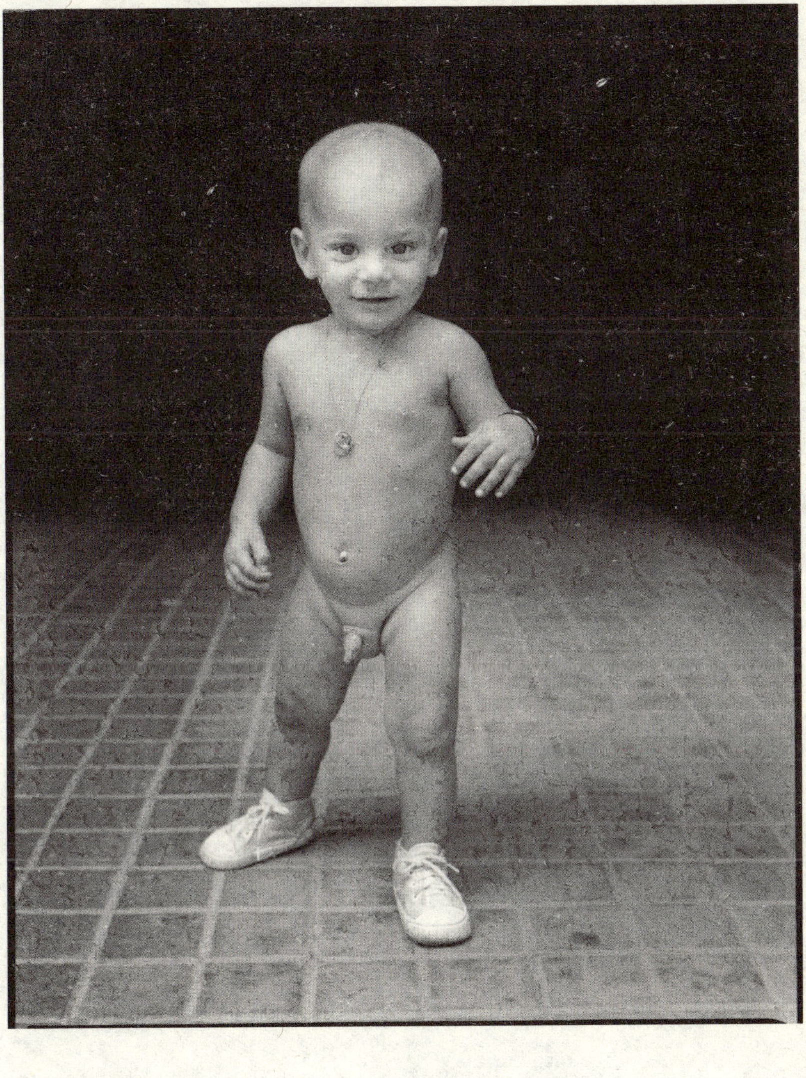

Quizás hayas conseguido disolver las imágenes casi por completo porque ahora, si quisieras recordar, apenas obtendrías una vaga sensación, unas ráfagas desvaídas como una película velada. Pero hubo un tiempo en el que te perseguían impidiéndote jugar cuando te quedabas sólo, manteniéndote despierto mucho después de que tu madre apagase la luz. Permanecías en la oscuridad hasta que la habitación iba distinguiendo sus fantasmas, tratando de discernir las zonas doloridas de tu memoria. Rebobinabas, adelantabas luego, para encontrarte en ese fotograma que modificabas cada vez ensayando versiones más tranquilizadoras. Sí. Te convenciste de que a lo mejor, Dani se le estaba acercando con la excusa de un secreto para luego gritarle en el oído. A tí te lo hizo muchas veces. Pero, a pesar de eso, tú empezaste a mirar ciertos primeros planos de las películas, sobre todo los de antes del "The End", con desasosiego y con un sentimiento que mucho después supiste que lo provocaba el descubrimiento de una traición.

Porque tú la habías conocido antes que él. Tú la viste antes: Ojos negros, cinta encarnada en la melena rubia, blanca casi. Te miraba de reojo disimulando una sonrisa, pero te miraba. Se estaba fijando en ti. Y, a medida de que te veía, ibas descubriendo tu cazadora nueva de los "Raiders", los cordones multicolores de las zapatillas, la calcomanía del Parque de Atracciones en el dorso de tu mano izquierda... y en que eras mucho más pequeño que ella. Tres años, dijo tu madre que te llevaría, más o menos. Eso te desilusionó, naturalmente: imposible que ella quisiera nada contigo. O quizá sí, para martirizarte como tu primo Dani; tu primo que todavía no había ido a Madrid y que nunca pudo haberla conocido antes que tú. Por eso saliste del Museo del Prado decidido a comer de todo y muy deprisa para cumplir todos los años que te hacían falta. Te imaginabas el quicio de la cocina llenándose rápidamente de rayitas hasta llegar a la altura del frigorífico.

¿Recuerdas? fuisteis al Burger King y te empeñaste en pedir lo más abundante que veías en las diapositivas luminosas. No entendías por qué no te lo permitieron aunque lloraste y todo. Siempre tan preocupados porque no comías lo suficiente y ahora te decían: "No seas agonioso"; los mayores son así. Pero el berrinche se te pasó con la corona que te entregaron junto con la bandeja.

Sé que no quieres pensar en eso. No es muy oportuno mientras tratas de modelarte un rostro definitivo para enfrentarte con la vida. Pero entonces estabas contento del aspecto regio que te confería el aro de cartón y te ojeabas solemnemente en los escaparates. Cuando ahora lo haces, alzas los hombros y pisas con fuerza para que tintinee toda la chatarrería de tus botas procurando que no haya desajustes entre tu borrador mental y lo que se refleja en las lunas.

Dormiste muchas noches con la corona puesta por si soñabas con ella, enseñársela. Claro que, como estabas dormido, jamás llegaste a saber si lo lograste, pero todo acabó cuando Dani detectó la corona. Inmediatamente se la adueñó y, a pesar de tus patadas, tus puñetazos y tus lloros, se paseó por toda la casa cantando a grito pelado: "Soy la reina de los mares". Y Reina de los mares le dió por llamarte, ¿a que no se atrevería ahora a llamarte así?

Por suerte, nada de antes pertenece a esta otra persona que estás inventando y no soportas como aún persisten rastros del que una vez fuiste y con el que ya no te reconoces. Cuando te miras en las fotos, cuando alguien te localiza entre las desestabilizadas imágenes de un vídeo, cuando tu madre recuerda pequeñas cosas de ti, te dá la sensación de que se trata de alguien con el que no tuviste relación jamás. Hasta sospechas que intentan convencerte de cosas que no fueron nunca, porque te dá miedo retroceder al punto en el que la memoria pueda arrastrarte y enfrentarte con el ingenuo del que ahora te avergüenzas.

Por ejemplo: te dicen que creías que la balconada de casa de abuela era mágica pues, siempre que te asomaban, pasaban gigantes y cabezudos, procesiones, desfiles, cabalgatas y hasta los tres Reyes Magos tirando caramelos. ¿Lo creíste o te lo hicieron creer? Lo cierto es que un día, bajo la balconada, aparecieron una noria, un carrusel con caballitos, unos columpios, un tiro al blanco... La música sonaba al compás de los guiños de las bombillas de colores y Dani te quiso llevar. Seguro que porque así le darían más dinero. Seguro que tenía pensado asustarte montándote en la noria y devolverte a casa enseguida diciendo que eras un enano pestilente. Pero tú te paraste frente al tiro al blanco. En vano Dani te quiso arrancar de allí. Habías logrado leer las letras que decía: MARGARITA. Margarita, como ella. A Dani no le quedó otro recurso que coger una escopeta para ti y otra para él y apuntar a la hilera de los cisnes. Tú hiciste lo mismo, bastante emocionado porque tus padres eran de los de "No a los juguetes bélicos", y ¡Pum!, un cisne desapareció entre las ondas ribeteadas de merengue. Habíais matado un cisne. ¡Lo habías matado tú! Y rompiste a llorar como de costumbre: a moco tendido.

Dani te ha despreciado cuanto ha querido, te ha insultado a más y mejor. Siempre se rió de ti. También se rió cuando te abriste un boquete para el pendiente, sin embargo, desde que supo que la guillotina que chorra sangre en tu hombro es un tatuaje auténtico aunque dijo: "estás pirao", te mira ya con cierto respeto.

Por fin ha comprendido que no eres el mocoso al que se le encogía el corazón porque el Coyote pretendía comerse al Correcaminos y porque el Correcaminos se vengaba del Coyote. Pero entonces aún tenía poder sobre ti y te dió dos o tres sacudidas enfurecido por el escándalo que estabas armando y por las dos pompas verdes que se te formaron en cada agujero de la nariz.

No recuerdas el momento preciso en que se aflojó la presión de su mano pero viste, a través de la turbia pantalla de las lágrimas, una falda vainilla que se ahuecaba hasta posarse en el suelo y que un clines se adelantaba hasta pinzarte las narices. Mientras, envuelta en una fragancia picante de limón, una voz muy bajita te decía: "No llores, cariño". Lo extraño fue que Dani también se agachara y que te dijera: "No llores", sin añadir lo de cariño, es verdad, pero tampoco lo de Reina de los mares. Eso te consoló pero no podías reprimir las lágrimas y los hipidos así de pronto.

Y fue cuando ella se levantó, buscó detrás del mostrador y te dijo: "toma". Era un calendario de bolsillo pero tú no te fijaste en eso. Tú lo que viste fue la foto de ella, de la niña del cuadro y debajo escrito: MARGARITA, y después: ATRACCIONES-INFANTILES. Esto último te desconcertó.

Alzaste los ojos y la chica que apareció delante de ti tenía los mismos ojos negros, el pelo rubio, blanco casi, atado con una cinta encarnada y un vestido vainilla. Pero era mayor. Tan mayor como Dani. Miraste de nuevo la fotografía. Miraste a la chica. La chica te miró de reojo disimulando una sonrisa. No había duda.

La chica se inclinó y sus pendientes, que eran dos medias lunas, avanzaron por debajo de su melena para resbelar por sus mejillas como dos puñalitos. De nuevo, la picante fragancia de limón.

"Ea, te dijo, adiós". "Adiós", dijiste e intentaste hacerle una reverencia como se las había visto hacer a los Mosqueperros. Tu primo también le dijo adiós y te empujó hacia casa dejándose el premio con la prisa por deshacerse de ti. Ya se te había pasado la llorera por completo y a él las buenas formas: "No se te puede sacar de casa, desgraciao".

A él si que no se le puede llevar a ningún sitio. Lo malo es que, desde hace un tiempo, se te encasqueta bastante. Aún quiere desplegar ante ti sus aires de superioridad, como si no fuera evidente que si entra en donde entra es porque a ti te conocen todos los porteros, porque él no pega. Hay que ver, decirte cuando te vió aparecer con tu levisita azul eléctrico: "¿Es carnaval?", pero tú estuviste muy bien contestándole: "No, es Halloween, por eso voy con una momia". El se rió, pero te aseguro que se quedó mosqueado toda la noche; se estuvo quietecito en su rincón de la barra sin rechistar ni rebullir. Y eso es hasta milagro porque, desde que se separó de su mujer, anda buscando rollo a diestro y siniestro. Con su calva, su tripita, sus chaquetas a cuadros ¡y queriendo ligar en el "Salvad al robot"! No se entiende por qué quiere ir contigo a los antros cuando tendría más futuro si se limitara a tomarse su güisqui con almendritas en cualquier pub de la calle Orense.

Y es que, aunque no te lo creas, todo lo tuyo que insiste en despreciar, en el fondo lo ha atraído como un imán irresistible. Por eso ha tratado siempre de aniquilarte: para defenderse de ti. Pero al final ha sucumbido siempre. Fíjate, por ejemplo, cómo se metió contigo cuando decidiste vivir en Madrid. Pero no sabes hasta qué punto maniobró para obtener el traslado y no juraría que es sólo casualidad si sois casi vecinos.

Y, en fin, no sé si te acuerdas, porque hay cosas de las que no quieres ni pensar, de cuando volvías apretando con ambas manos el calendario medio en éxtasis, bueno no, en éxtasis total y balbuciste como un idiota: "Ella es... Margarita Atracciones-Infantiles es Margarita de Austria, ¿verdad?", él te dijo muy enfadado que le dejaras de princesas que eran cosas de mariquitas. Y por el tono dedujiste, al principio, que las "cosas de mariquitas" le daban a tu primo verdadera repugnancia y horror, como a ti las lombrices de tierra y que, por fin, contabas con un arma contra él. En efecto, cada vez que él te azuzase una lombriz de tierra tú le podías contraazuzar una Margarita de Austria.

Más tarde necesitaste comprender que, a lo mejor, no era miedo ni asco, sino tirria. Eso concordaría absolutamente con lo del grito en el oído porque, si no era para fastidiar, ¿qué otra cosa tendría que hacer Dani con una infanta?

Al día siguiente te dijo que te callaras la boca, que iba a recoger el premio y se largó sin ti. Tú te quedaste muy contrariado y, para consolarte, te pusiste a pensar en tu Margarita de Austria que ahora se llamaba también Margarita Atracciones-Infantiles y en que era una chica mayor y en que, si Velázquez te pintara, te podías ir a vivir al cuadro donde ella era aún una niña. Y esa idea te pareció tan fantástica que quisiste decírsela en ese mismo momento. Y te escapaste de la casa también tú.

En casa de abuela se puede uno escapar con mucha facilidad: basta dejar el portón encajado. Era la hora de la siesta y todo estaba inmóvil bajo las lonas sucias. El tiro al blanco se había convertido en una compacta caja azul. Te sentiste perdido. Pero, un poco más adelante, viste las caravanas de los feriantes entre la maraña de los tendederos repletos de ropas y en el banco de al lado de la fuente, estaban ellos.

Y estaban muy juntos. El brazo de Dani le rodeaba el cuello. El pelo de ella se derramaba sobre el hombro de Dani. Sin querer pisaste algo, tropezaste con algo, no sé: hiciste ruido y ellos se separaron sobresaltados.

Y ella te miró. Y su mirada fue como el gesto con el que se ahuyenta a un insecto impertinente. Tú echaste a correr para confundir con la carrera la alteración de tu corazón sorprendido, para huir de la persistente fragancia picante del limón.

Llegaste a la casa, entraste en la habitación donde dormías y sacaste la fotografía de debajo de la almohada. Apenas advertiste que te sacaba una enorme lengua de rotulador rojo: la hiciste pedazos. Y no lloraste.

Pero qué pena que ya no te acuerdes de nada. Qué pena. Porque hoy, cuando se ha terminado el concierto con tu solo de batería, qué bien te ha salido, eso aparte, te has encontrado en el camerino con un fan que apenas conseguía esconder su admiración: Dani.

Y cuando se han ido todos y se ha abierto la puerta y ella ha entrado y tú le has dicho: "Hola Olvido", y ella te ha dicho: "Hola Alex", y sus labios de hibisco han rozado los tuyos con la fragancia picante del limón de una margarita, tu primo, maravillado, te ha dado un codazo en pleno costillar.

Qué pena que no te quieras acordar de nada. Si no, sabrías que tu Margarita de Austria y tú quedásteis vengados cuando él, medio en éxtasis, bueno no, en éxtasis total balbució como un idiota: "Ella es... Olvido es Alaska ¿verdad?".

VERTICAL

Por Fanny Rubio

A José.

"Sit there and count, oh count your little fingers.
My unhappy, oh little girl, little girl blue".
J. Joplin

"En Madrid pasan tantas cosas a la vez que siempre es demasiado tarde —me ha dicho el jarabe a las tres en punto de la tarde como buscando algo en el techo de la clínica—. Pero no te preocupes, chavalote —me miró al fin y siguió el tipo con la vista de oca en oca por las cabezas de las sala de espera que temían, por lo que parece, igual que yo, que el jarabe se dirigiera a ellos en parecidos términos—: Nosotros nos encargaremos de todo".

Ha sido así como he sabido de golpe y porrazo que Vivi era irrecuperable para las cosas de esta vida y que yo no iba a salir de allí con ella, por lo menos como habíamos entrado, que para después ya iremos inventando nuestra forma de hablar. Pero en ese momento no había solución "de continuidad". Esa es la historia.

Hacerme a la idea de estar sin Vivi no es nada fácil: Vivi se ha abierto, jai, te lo aseguro, sin buscársela más que otras veces... En alguna ocasión, es cierto, jai, me mosqueó más que esta última. Alguna vez sintió un dolor agudo en el pecho, como de cocacola, que se le pasaba en dos horillas... ¡Podía haber seguido, hostias, joder, me cagüen, una pila de años conmigo y con los miriñaques y los títeres del Retiro que se nos daban al final fetén, como a las cinturitas de la pasarela Cibeles...! Tantos duran la tira haciendo dieta del uso sin abuso... que por qué nos iba a tocar a nosotros, joder, con la que les está cayendo a los que no tienen ni curro ni jai ni techo donde guarecerse... Por más que le doy a la torra, te lo juro, jai, no me entra. Porque mira el viejo Burrougs —tú sabes a quién me refiero, ¿no?, el de *Yonqui,* el que decía que cuando uno deja de crecer es que empieza a morir, pues ése— en Kansas con su flipe bajo control y un criado como si fuera la giralda y con marcha y cuerda para rato y ni jarabe de urgencia ni pollas, que para que ese se dé un verdú no hay fecha en el almanaque de este siglo; y mira, mira, mira los músculos de los de la coca de Colón hasta la plaza de Castilla para más señas: para esos tampoco hay vacas flacas, ni bicho, ni trullo, ni matarratas, ni polvos de talco, ni marrón. Como para los barcos de Galicia, con la vista gorada del gobierno y los jueces, tampoco. Qué me van a decir a mi, a Gabi, ¡a mi!, que la calle es la calle en cualquier sitio. ¡Y un guay del Paraguay, del Paraguay! Las calles del foro no son las calles, no son iguales las unas y las otras, que cada calle tiene su depende, y cada quisque depende de la calle del foro donde vaya y donde se la juegue, jai. Que la calle tiene que ver con la calle en cuestión está tan claro como que Vivi se dió el pire, me van a decir a mí que en el Foro la calle es *la calle,* sea la que sea.

Un pire anunciado el de Vivi, ya sé, pero suave y casual, tía, como ha sido ella, suave y casual. ¡Con lo guapamente que salía el títere desde que yo puse el pie en el estribo de esa obra y formamos el dúo. Que no es que fuera Woodstock lo nuestro a lo primero, pero juntábamos cantidubi alrededor en el Retiro, con enanos y padres y madres y demás... Vale, que yo lo acepto, que tengo que aceptarlo, jai, que a la cierta le ha dado por ella y no hay más cáscaras, y que a empezar otra vez, que sí, que ya lo sé, pero al final soy yo el que firma el menú y el que se lo merienda, tía, que el que se pira viaja, ostras, y el que se queda firma y la paga, así es, que así lo dijo el jarabe y así me la tengo que endiñar, que no hay tu tía.

Pues eso, lo que te digo, jai. He echado a andar desde la clínica en dirección al barrio, con las manos en los bolsillos (¿cómo iba a ir si no?), con las manos en mi único recurso, el último —por lo demás— de los que tienen más recursos vitales que su menda, pero el único recurso de mi menda en el trago de Vivi. La verdad es que no tenía que hacer nada más por ella en la calle, nadie a quien avisar o persona con la que comunicarme por teléfono para informarle de lo ocurrido a Vivi, a nosotros, a mí. El jarabe o alguien de su parte llamaría a Alicante, donde ella nació, y alguien se ofrecería a avisar a los parientes, que para eso no faltan voluntarios, tía, incluso habrá quien tenga estómago de poner la esquelita con su nombrecito y su apellido, que ni me acuerdo ni me importa. Me traen sin cuidado los parientes, los cuervitos y la esquelita y el pico del jarabe. Porque a ella le pasaba lo mismito que a mí. "La familia no se escoge, te toca, tío, pero la amistad y los amigos te los buscas, te los trabajas tú".

Me lo dijo tal cual la primera vez que pegamos la hebra en el Retiro cuando ella hacía el mimo en el embarcadero y yo iba de dedos en las cabinas de teléfonos de por allí y yo la guipé entre una y otra cabina en el centro de un corro porque se movía como las bailarinas indias, bueno, las de Bombay, con el pelo suelto, la cofia, los brazos extendidos y las palmas de la mano hacia la luna, que salía por momentos, y me gustó, y me gustó como ninguna otra. Yo la estuve guipando todo el tiempo, te juro, hasta que ella dejó la danza, se paró el radiocassette, y la gente había dejado de tirar monedas en su sombrero de ala ancha que ella pasó como si fuera Alicia Alonso de jovencita, con reverencia y todo y "muchas gracias, hasta el domingo", y fue entonces al verme legal y colgadillo de su baile cuando me preguntó:

—¿Qué es lo que más te mola, colega, la música o el baile, o el mimo?

Yo dije:

—La percha.

No tenía otra manera de contárselo. La verdad es que siento haber sido tan simple. Pero a ella le gustó:

—¿Cómo te llamas?

—Gabriel. ¿Y tú?

—Vivi.

—Bueno, me puedes llamar Gabi, como me dicen los amigos.

Ella no dijo nada más, pero entendí que me debía quedar a una distancia prudencial de ella hasta que Vivi guardara, una a una, sus cosas, los zapatitos, el cancán, el antifaz, la capa y la corona. Debía quedarme a ver si ella deseaba algo conmigo, o, simplemente. ayuda, pero estaba nervioso, primero por la bosa de duros que me pringaba tras la chapucilla de esa tarde, que sonaban como condenados en mi faltriquera —¡qué iba a pensar de mí una artista con futuro como era Vivi!— y luego porque Vivi se ponía despacio y con estilo el abrigo encima de unas faldas almidonadas y un soporte que luego me diría que se llamaban, por antiguos, "miriñaque" y "guardainfante" —creo— y que era ropa del "barroco" que se la había alquilado en Cornejo y estaba claro por esto y lo demás que yo era menos que ella.

Aunque no me miraba, cuando ya el público había desaparecido se apoyó ante mí en la escalerita de madera, por la que subía y bajaba Vivi para la representación, con la intención de quitarse con crema la pintura de la cara y los ojos y el antifaz, sin preocuparse de que yo estaba esperando otra conversación, y se recogió la melena castaña en una cola que le llegaba a la cintura, y cuando no quedaba títere con cabeza, ni lápiz en sus ojos ni polvos en su cara, en vista de que ella no lo decía con la boca pero sí con la parsimonia con la que doblaba los trajes, me ofrecí voluntariamente a ayudarle a transportar, a pie serrano, la escalerita de madera y la bosa. Vivi, en ese momento, me agradeció que yo la acompañara hasta la puerta de su casa, en la calle Ave María, te digo, jai, la calle Ave María, que fue ensegida nuestra casa, la ventanita de todos nuestros ángeles, aunque digan ahora que es el último tramo de lo que llaman los pestañas y los pasmutis el sumidero de Madrid, ¡el su-mi-de-ro! Pero Ave María no es ningún sumidero, que tú lo sabes, jai, no es sumidero de ningún río de mugre, joder, que es el sur, el mismo sur de este rompeolas que es el Foro, con el metro a mano, el Barbieri a mano y las películas subtituladas un poco más arriba. No es que sea una pradera, como canta Sabina, sino el límite, el límite del Madrid castizo, "el límite del vertical", me dijo Vivi, "el límite del vertical, del verti-cal". (Por cierto, yo no le pregunté a Vivi, cuando lo dijo, qué era el vertical, para que no pensara que yo era un pringao, lo que se llama un analfabeto de la movida, y menos la tarde que yo había ido de dedos a un par de cabinillas el día que yo la conocí. Pero Vivi me lo fue demostrando con hechos sin que se le notara que lo iba explicando, porque ella tenía más pico y casi tantas tablas como yo, por lo menos en los papeles y en el teatro: "Un vertical es, Gabi, cuando uno está en el sitio de otro que ya no está y dice las mismas cosas que otro dijo, o las oye de alguien que tuvo que decirlas y no dijo, pero con otra voz. Y en esta calle pasa eso desde la época de don Benito Pérez Galdós".

Ave María es, jai, si no lo sabes, una calle que necesita siempre y cada día la visita de un ángel por la cantidad de gente en apuros que pasa a lo largo y a lo hondo de sus portales. Por eso decía Vivi que todos los apurados que pasan por Ave María se quedan indefinidamente en esa calle y en esa plaza, porque un apurado de Ave María a la fuerza se tiene que sentir como en la nave de una Iglesia antigua, calentita y vacía y con agua bendita para todo el que la precise. Y si encima éstos sienten que los visita un ángel cuando nombran la calle en la que sobreviven, pues aguantan.

Vivi decía, por experiencia, que cada persona vive en la calle que se merece, y aunque me lo tomé primero a guasa, ahora sé que es una evidencia, porque se puede demostrar con el callejero en la mano y el remite de mucha gente conocida. Yo, por ejemplo, he comprendido en este tiempo por qué no tengo amigos en la calle Culebras, ni en Serrería, ni en Sargento provisional, ni en Latas, ni en Cuchilleros, ni en Generalísimo. Pero en Ave María, frente a lo que predican los tenderos del centro que no son ni la más remota sombra de sus antepasados, en el Ave María puedes mirarte con la gente como siempre dicen los antiguos que en Madrid se miraba y como ya no se mira nadie en el Foro. Verás tú, jai, quiero decirte que en el Ave María te miras con la gente sin que te saquen la navaja, que es lo que escasea en la periferia cuando vas por las buenas o te has pasado de Colón, pues si te miras con gente en otra calle más cerca de Serrano de por ahí arriba, van y te dicen, sin mediar palabra, si es que crees que tienen monos en la cara y ya se saca el tipejo la pipa, la espada y el puñal afilado, que el foro tiene mucha literatura de esa, jai, o te salen con esas de "¿qué miras capullo?", pues los del Centro pijo se mosquean cuando les miras la chupa o el tupé porque piensan que estás al loro de otra cosa. Que vas, sin más, por su cartera, como si no tuvieras otra cosa que hacer.

Pues con lo de mirar, Vivi me habló de los enfiles de los chinos, que deben ser —por lo que me contaba— al biés, porque los chinos consideran de malísimo gusto mirar de frente a los ojos de la persona con la que se está hablando. Todo esto lo decía Vivi, que era muy suya, para que yo no mirara por mi cuenta y descaro a alguien que pasara, ya fueran lumis, marías, pestañas o petardos, por si las moscas: "No seas miranda, Gabi, que te van a pedir lo que no es, que van a pensar que los chuleas, cambia de blanco, corazón".

Fue en el Ave María, jai, donde pensamos convertirnos en dúo. En el Ave María (a mí me gustaba llamarlo así) ensayamos y en la buhardilla me probó Vivi trajes de bailarín, corpiños de colores y golillas almidonadas y chapines de piedras preciosas de su teatrillo que no eran de alquiler sino de recuerdo, que tenía guardados en una maleta de madera de las de antes de la guerra. La ropa de hombre que se enredaba con medias de brillo y de colores me gustó especialmente. No quise preguntarle a quién pertenecían o pertenecieron, que debía ser, por lo menos, tres tallas más grandes de hombros que la mía, porque a la vista estaban los mangotes que no me iban ni por carnaval y con tres vueltas que les daba en la prueba. Pero ella me lo aclaró cuando me probé la chaqueta de seda negra que escogí entre otras rojas y doradas, con una estrella en el hombro derecho que me gustaba más que las demás. Al verme en trance de calzarme ésa, me apretó el mismo brazo como en las ceremonias de las órdenes de caballería de las películas y me dijo: "Gabi, esta chaqueta es tuya por propiedad vertical —dijo ver-ti-cal como si fuera una palabra mágica—, ahora tienes que ser formal en los ensayos del dúo, pues harás mimo vestido con ella. Ya se acabaron las cabinas, compa, ¿de acuerdo?, ya se acabó el miranda". Entonces, aprovechando que ella se había pasado con las órdenes, yo me atreví a preguntarle, jai, por el amo de aquello, para no tener luego movidas a cuenta de la jupata, cuando me contestó muy seria, mirándome fijamente a los ojos como si me midiera las pestañas, como jamás volviera a hacerlo nunca: "La vertical es la línea de sucesión que tenemos aquí, por eso es tuya; la vertical es decir, Gabi, las cosas que otro que ya no está necesita escuchar, para que el mundo sea completo. Vestidos con su ropa y sentados en su silla, lo resucitamos, lo hacemos hablar mediante nuestra voz".

—¿Hablas de un muerto, Vivi?

—Sí —confirmó grave—. Hablo de alguien que se ha pasado a la sombra.

—¿Era algo tuyo, Vivi?

—Ahora es tan mío como tuyo —dijo—. Pero nadie es de nadie, Gabi, convéncete. La gente es sola, y sola se deja ir cuando le llega el turno. Para subirte al coche de la *maribén* no hace falta una *clá* como la que se monta cuando la palma un baranda. Los mejores viajes son de una plaza, Gabi, no te lo pierdas.

Por eso yo no me mosqueo con lo de Vivi, coleguilla, no me mosqueo con el pire de Vivi, una tía guay que me enseñó a saber que el marrón se lleva de uno en uno, que no hay pirula en ésto, que otro colega pica por detrás y muchos socios lo llevan por delante, como en la urgencia, sin que nadie se cuele sino los ansiosos o los que tienen mono de más allá, que también cabe. Lo mejor es estar al loro cuando te llame la cierta, si te llama, y tragarse sin alharacas el marrón cuando no hay más que ver, y hasta mañana o hasta luego, Lucas.

No te creas, jai que no me he partido cuando ha pasado el jarabillo con la noticia. Pero no te creas que no he pensado en lo bueno que tiene pertenecer a la pila de palmados de Madrid la víspera de elecciones municipales, no te jode, como le toca a Vivi, que los latosos del foro en esta época tienen mejor futuro que otros plastas de España, porque los jarabes y el del madroño te lo ponen a huevo, para que vean los follapavas y los pisateclas que aquí ganamos, ojito, que lo tenemos guapo y con corona en la umbría, por lo menos. Yo creo, de verdad, chachi, que en estos meses va a traer más cuenta palmarla en el foro que en ningún otro lado, por lo menos mejor que en Castilla León, que son más secos y las misas más largas. Que la Vivi ya se lo lleva puesto y ligerito.

Y como Vivi ya lo tiene arreglado, yo no me voy con prisas sino tranquilito, chavala, que no hay que tomárselo por la tremenda eso, así que mucho oído, mucho espejito y alguna vela. Y a esperarla. Que seguimos los dos a dos marchas, ¡pero seguimos!

Las veces que tocamos el tema del pasado ella nunca me habló de su familia u otros amigos íntimos. Estábamos cumplidos con los que cada uno de nosotros tenía detrás, pensábamos los dos. Pero maldita la gracia que me hacían los pitusos que salían de Huertas hace un rato: Los enanos venga pedir y las marujas venga comprar de los tenderos de la calle del León, tan afanados por la seguridad y el libre horario como los de la guillotina que hicieron la revolución francesa cuando echaban más bríos y menos baba. ¿Tenía que sonreir a las mamás en el paso de cebra como si la zapatiesta fuera la ópera de Munich? De ninguna manera. Fui por Echegaray procurando no mirar a los ojos a nadie, ni a los pitusos ni a las marías, a nadie, para que no se me quedara el ojo muerto encima de un *pestaña* y luego, además de haber perdido a Vivi, la jodemos.

Lo que más siento, jai, es que me queden algunas conversaciones pendientes con mi chica: Por ejemplo, nunca le dije que el colegio no me gustaba, que de pequeño sólo me divertía en los pasillos, y por eso mi familia jamás sacó un diploma de mí. No se lo dije a ella —¡qué bobada!— porque me daba corte que pensara que era un pringao, que pasaba de leer y de escribir, que no era más que un dedos, por lo que fuera, pero ante tí lo confieso aquí y ahora, jai, y sé que ella lo oye. Y al decírtelo a tí te considero vertical, y por ser vertical sé que Vivi me oye decir esto como yo hice con el de la chaqueta, que se fue sin oírle a Vivi la canción de la Joplin, y es justo que así sea para que el mundo siga más sabio que lo que el mundo era antes de que estas cosas fueran dichas así, por nuestro pico. Que cuando dos hablan en el Foro y en este barrio pasan tantas cosas, como dice el jarabe, que casi siempre se llega tarde a todo. Pues eso, jai, para que tú lo sepas, ella me cantaba al oído en inglés las canciones de la Joplin, que era lo que le faltó al otro, y yo que apenas sabía inglés, le decía, "qué bonito, que guay, dabuten" como si yo supiera lo que significaba eso que me cantaba. Pero tan importantes para mí eran estas canciones que le tuve que preguntar a un colega de los que van por el Barbieri qué me quería decir con aquello. Y cuando lo supe, cuando supe que decía, "siéntate y cuenta, cuenta tus pequeños dedos, mi desdichada, oh pequeña chica, pequeña chica triste", cuando lo supe de verdad, fui corriendo a cantárselo en español para que ella se convenciera de que también yo, que yo también me enrollaba con la Joplin, y, de camino, dejar en buen lugar a mi antecesor de la chaqueta. Con tan mala fortuna que al llegar encontré a Vivi con dolor de pecho como de cocacola y no pude cantarle nada ni demostrar que yo sabía lo que ella me recitaba cuando hacíamos rabona de títeres.

—Cuando llegue la *maribén* no cuentes con nadie, nene, el vuelo lo hacemos cada uno con nuestras propias alas. No será un mal viaje, Gabi, lo vas a ver. Y el que se quede, que no le lleve al otro flores de tela ni crisantemos, Gabi, sino hojas de otoño, que son verticales como nosotros, que una hoja de otoño cae encima de otra hoja de otoño y le pone la guinda que le faltaba a la primera, y así se ve regenerando el mundo.

Al llegar a la Plaza de Santa Ana ha sido cuando te he descubierto, jai, con tu mesa, vendiendo piedrecitas y cuarzos y estas cosas que te comunican con el más allá sin hacer bronca con el corona y san Pedro bendito, sino enrollada con la madre naturaleza; y ha sido por eso por lo que me he parado aquí, de camino para el Ave María, delante de tu puesto de piedras de colores, jai, que una fuerza me para, de verdad... Vivi me leyó una vez una noticia del periódico donde se demostraba que el noventa por ciento de la materia del universo es invisible, que no luce como las estrellas ni hace sombra, pero que desde allí mueve y detiene el mundo, y eso que mueve y para el mundo es parte de la energía de los muertos de calidad, (que también los hay tarambanas, pues siempre ha habido clases), y esa energía mueve las galaxias y dirige los pasos de los que se han quedado. En fin, que no te aburro, que Vivi ya lo lleva pero nosotros nos lo tenemos que trabajar, jai, aunque sea con las aguamarinas, mirándolas muy fijamente. Yo no soy ni mucho menos mago, pero Vivi tenía un libro en el que se daban instrucciones para mirar en el aguamarina y si se hacía con confianza aparecía la persona que uno quiere para poder contarle lo que no tuvo tiempo de hacer en la vida real.

Por esto, jai, antes de ir a Ave María sin Vivi, quiero decirte delante de la piedra en la que tengas mayor fé las cosas que nos dejamos en la charleta, para que Vivi viaje con las alas bien puestas por donde tenga que volar y no se quede en el lugar de los más plastas por falta de impulso y de altura, sino en la parte más cercana al sol para soplarnos a los verticales lo que al mundo le falta.

APÉNDICE I

Poemas de Fernando Beltrán*

* F. Beltran, *Gran Vía*, Libertarias/Prodhufi, Madrid, 1990

Ha adelantado su horario
y ruge ya en las fachadas
el neón de esta jungla.
Son las seis de una tarde
oscura como boca de hombre
masticando el pan
sin miga de estar solo,
ni siquiera las barras me seducen,
los peatones a miles y sin rostro
ahorcados en bufandas
y en pasos que son ruedas
a la velocidad del miedo
y citas que no existen,
sólo saben que corren hacia las fauces
abiertas de los metros, los portales,
los taxis o las puertas movedizas
del autobús que traga
estos cuerpos de arena y sus relojes,
las muñecas miradas cada rato,
la nana de reproches que se entona
mientras se cierra los puños
para llegar a tiempo a ese sitio
donde sólo
les espera su espera, corren
como el agua y los papeles
hacia la alcantarilla,
colillas con carmín y billetes
tirados sin saber si es capicúa
la hora por venir, son y van a ser

las siete menos todos
los braseros del mundo,
las siete menos cuarto
de estar en que habitarse
y brazos como almohadas
donde apoyar la vista, corren
asustados por algo que no entienden
y está escrito en el mismo
idioma de sus días,
una ciudad que a veces
se vuelve contra todos los que cobran
su subsidio de sombras
sin darle más a cambio
que este salir huyendo, corren
se precipitan
sin pensarlo dos veces ni apuntar
un segundo la mina
de su lápiz de labios
a quien pueda esconder en los bolsillos
las letras que faltaban
para llenar el puzzle, huyen
no saben que los ojos
son el rimel del tiempo que transcurre
desde hace tanto tedio
que el calendario no acierta
a recordar qué fecha, corren
como alma que lleva el diario
hacia un infierno de prisas
y destinos que son apenas unos metros
cuadrados de estar solos
entre cuatro paredes, corren
huyendo de la herida que hace pensar,
la máscara que cambia
y que ahora se oculta
en los cuchillos del frío

que suben de Princesa
afilando los grises
pantalones que avanzan
y cortan con sus pasos
esta tarde de invierno
en la Gran Vía.

Paredes, tapias y enormes
prohibido fijar carteles,
aunque el anuncio es inútil
y hasta comete el agravio
de desmentirse a sí mismo, surge
el anzuelo ideal para animar los muros
de una tarde que es ya noche cerrada
y voces de color llamándote hacia el jazz
de compartir las sombras
a espaldas de Gran Vía,
paredes, vallas, paraísos
de brocha gorda, salones
de belleza que peinan permanentes
los años ya imposibles, viajes
que siempre hablan de tierras
extrañas cuando existen
aviones al costado con las alas rotas
y buques que naufragan sus propias aguas dulces,
cataratas de manos que se estrellan
sin un cielo de piel donde alumbrar caricias,
pirámides que esconden su tesoro
y ojos como hoteles
buscando compartir
la doble habitación de hacerse
abrazo y compañía,
saldos de todas las clases,
clases de todos los saldos, academias
que revalidan en nada
o en mesas de trabajo

que luego jamás gustan,
mesías de barbas blancas
y sectas que mendigan
la sed del que extravió al dios de sus mayores
y atisba ahora en cualquier
señal su sustituto, saben
que el camino es muy duro, olvidan
que es nuestro propio ceño
el que lo va frunciendo, cargas
que se venden al peso
y los sótanos que vendan
su ceguera con música,
miramos la ciudad sin darnos cuenta
que la ciudad nos mira y nos imita,
niños que cruzan con carpetas
y pegatinas mudas, ciegos
que te cantan las once campanadas
de celebrar un año nuevo cada noche
que pasa y no es el día, tiendas
una al precio de dos
vaqueros más baratos
y menús con resacas
y postres que te incluyen, guarda
cada silencio un discurso,
cada portal la escalera
asegurada de incendios
y un portero automático que dicta
sentencias desde arriba, plata
y oro de ley la compraventa
de todo lo que existe, niebla
y gentes como motos
atadas con candados
a señales de tráfico aparcadas
ante la cuerda floja del bordillo, grúas
que son como lechuzas de hierro haciendo noche

sobre el solar sin sol de este edificio, chicas
de apenas quince años que me piden
dinero para el mal
trago del metro,
aunque todos sabemos que no es cierto
y me alargan a cambio de mis duros
el spot con saliva
de su litrona rubia, sube
el frío desde Princesa
y una tibia bufanda cuando escupo
los gases y una dama
que pasa me desprecia
con sus gafas de aumento
por saberme tan sucio.

APÉNDICE II

EL CIUDADANO DESMEMORIADO (REVISTA DE PRENSA)

Por Inma Muro

Madrid no tiene historia, la historia de sus habitantes, la historia del cada día, del Madrid improvisado y vivido desde la miseria o desde la Casa Consistorial, se pierde en la desmemoria, fácil y necesaria, de las páginas de los periódicos. Sólo ellos guardan entre sus hojas amarilleadas y marchitas los errores institucionales, siempre desdichos y las historias anónimas de hombres y mujeres desconocidos que protagonizan por unas horas la noticia macabra o curiosa que conforma su vida y su lucha, en una ciudad, que como todas las grandes capitales, se revuelve y da zarpazos de insolidaridad, escupe miserias y peligros, destila deshumanización y agresividad.

La mano subjetiva que rescata estas historias perdidas pretende contribuir a crear y fijar una memoria crítica y ácida que recuerde, la desgracia, las carencias y barbaries de un entorno familiar pero ignoto. De la otra realidad amable ya hablan los cronógrafos oficiales, los historiadores asalariados que rescataran, como la memoria, la parte más agradable de lo que pasó en este enorme tapete, en el que el azar juega con las infinitas posibilidades de más de tres millones de destinos que se cruzan, diariamente, en las enrevesadas calles de Madrid y que dan como resultado un enjambre de sucesos y vivencias.

La policía municipal toma la madrileña plaza de Santa Ana para cerrar el mercado artesanal

Madrid, 8 de octubre 1989

Cuatro heridos al disolver la policía una nueva concentración de artesanos en la plaza de Santa Ana

Madrid, 29 de octubre 1989

"Matanzo cierra la sala 'Elígeme' porque nos cree vinculados al PSOE", afirman los dueños

Madrid, 5 de noviembre 1989

Los propietarios de la sala 'Elígeme', situada en la calle San Vicente Ferrer, consideran que Ángel Matanzo, presidente de la Junta Municipal de Centro, ha decidido prohibir las actuaciones musicales de la sala "porque somos el local más representativo de la *movida* y se nos considera vinculados al PSOE", afirmaron.

Matanzo niega que existiese favoritismo en la concesión de una terraza en la Plaza Santa Ana

Madrid, 13 de noviembre 1989

Ángel Matanzo, ordena precintar cuatro locales de diversión y amenaza de cierre a otros siete

Madrid, 8 de diciembre 1989

La cruzada continúa. Ángel Matanzo, concejal de Centro por el Partido Popular, ha firmado ya cuatro notificaciones de precinto de locales de la zona y anuncia para la próxima semana la firma de una decena más. "No he dicho que vaya a cerrar nada, pero el que no esté en regla lo va a pasar mal", afirma. Locales como 'Viva Madrid', 'Graffitti', 'Elígeme', 'Alfil' o 'Vía Láctea' han sido inspeccionados.

El Ayuntamiento levanta la plaza de Santa Ana para cerrar la polémica con los artesanos

Madrid, 9 de diciembre 1989

El presidente de la Junta de Centro, el *popular* Ángel Matanzo, ha manifestado su intención de *levantar* la próxima semana la plaza de Santa Ana para acometer unas obras de reforma y ajardinamiento y acabar así con la polémica que le enfrenta desde hace dos meses y medio con el colectivo de artesanos que solía instalarse allí.

El concejal de Policía no ordenó "la operación Santa Ana"

Madrid, 10 de diciembre 1989

El concejal de Seguridad y Policía del distrito de Centro, el centrista Fernando Bocanegra, afirmó ayer que él no ordenó el despliegue policial el sábado en la plaza de Santa Ana ni la posterior carga contra los artesanos. Bocanegra, sin embargo, echó una mano al presidente de la Junta de Centro, Ángel Matanzo, promotor de la operación policial, comentando que en el mercadillo se venden droga y objetos robados.

Los vecinos del centro se oponen a que haya un local de reunión para prostitutas

Madrid, 12 de diciembre 1989

La asociación de vecinos del distrito madrileño de Centro ha manifestado su oposición a la creación de un área de descanso para prostitutas que trabajen en la zona, argumentando que la postura más coherente es limitar tal actividad a una zona deshabitada alejada del casco urbano.

Los responsables del tráfico se culpan unos a otros del colapso permanente del tráfico en Madrid

Madrid, 14 de diciembre 1989

Los diferentes responsables administrativos del tráfico en Madrid y sus accesos se confiesan impotentes para resolver a corto plazo el colapso permanente de la circulación en la capital y sus carreteras radiales y se van pasando la responsabilidad de esta incapacidad de unos a otros.

Dos jóvenes 'ultrasur', acusados de apuñalar a varias personas a la puerta de un bar de Aurrerá

Madrid, 15 de diciembre 1989

Dos jóvenes que forman parte de los 'ultrasur' (hinchas violentos del Real Madrid) han sido puestos a disposición judicial acusados de estar implicados en un homicidio frustrado y en varios delitos de lesiones, según fuentes policiales. Uno de los detenidos asegura que es servidor de Satanás y que le gusta visitar cementerios durante la noche y sacrificar gatos y otros animales.

La Cámara de Comercio afirma que la presión fiscal se ha duplicado en los últimos cuatro años

Madrid, 22 de enero 1990

Cada vecino de Madrid pagó una media de 21.417 pesetas al Ayuntamiento en 1988 en concepto de tributos locales, casi el doble de las 11.645 que ingresó en las arcas de la corporación en 1984. Un estudio de la Cámara de Comercio e Industria sobre la presión fiscal municipal destaca la fuerte carga tributaria que soportan los contribuyentes madrileños.

Matanzo instala 150 jardineras en la plaza de Santa Ana para impedir el paso a los artesanos

Madrid, 24 de enero 1990

Angel Matanzo, concejal por el PP del distrito Centro, anunció ayer que instalará un total de 150 jardineras en la madrileña plaza de Santa Ana para impedir que los artesanos instalen su mercadillo. Matanzo también anunció que mañana día 25 procederá al cierre de la sala "Elígeme", en Malasaña, por presuntas irregularidades en la seguridad.

El Gregorio Marañón reconoce que enfermos graves permanecen varias horas sin asistencia

Madrid, 27 de enero 1990

El doctor Antonio Barba, responsable del hospital Gregorio Marañón la noche del pasado lunes, se ratificó ayer en el parte interno donde describió de "caótica" la jornada que vivió el servicio de urgencia. Aquel día falleció un paciente que entró en coma cuando llevaba dos horas esperando para ser atendido y otro enfermo fue encontrado muerto en una camilla.

Artesanos y dueños de bares de la plaza de Santa Ana crearán una asociación contra Matanzo

Madrid, 29 de enero 1990

Los artesanos de la plaza de Santa Ana y la asociación de bares de Malasaña constituirán en los próximos días una plataforma de damnificados por el concejal Ángel Matanzo, presidente de la Junta Municipal de Centro.

Admitida a trámite la querella de los artesanos contra los concejales del PP Ángel Matanzo y Fernando Bocanegra

Madrid, 14 de febrero 1990

La Policía Municipal realizó labores de vigilancia de forma "Incontrolada"

Madrid, 25 de abril 1990

La Comisión de Seguridad del Ayuntamiento de Madrid que ha investigado las prácticas de espionaje realizada por la Policía Municipal, ha comprobado que éstas se retomaron días después de la moción de censura que descabalgó a los socialistas del equipo de gobierno. Ello, a pesar de una orden en contra aprobada por los mismos socialistas. Otra de las conclusiones más sorprendentes de la comisión es que el acondicionamiento del llamado furgón espía contó con el asesoramiento de dos inspectores de la Policía Nacional de la comisaría de Centro.

Más de cien artistas reivindican la cultura de la calle y se oponen a la política municipal

Madrid, 27de abril 1990

El concierto para reivindicar la cultura de la calle en Madrid fue aplaudido por unas 7.000 personas que acudieron ayer al Palacio de Deportes de la Comunidad de Madrid. Las dos localidades que compró el concejal de Centro, Ángel Matanzo, quedaron sin ocupar. De este concejal tan sólo se vieron las caretas de cartón que llevaban los artesanos de la plaza de Santa Ana. A pesar de que los organizadores no quisieron que el concierto, en el que participaron un centenar de artistas, se centrara en la crítica al concejal popular, éste les había manifestado que la participación en el acto podía coprometer los contratos de los cantantes para las fiestas madrileñas.

Los arquitectos de Madrid denuncian ante el juez anomalías en la adjudicación de proyectos municipales

Madrid, 9 de mayo 1990

Luis Álvarez, presidente de la Empresa Municipal de la Vivienda (EMV) y concejal del PP, tuvo capacidad en 1988, y desde la oposición, para adjudicar determinados proyectos a arquitectos o para vetar otros ya adjudicados, según recoge la investigación realizada por el Colegio Oficial de Arquitectos de Madrid (COAM). El informe, que contiene más de 30 entrevistas a profesionales, fue remitido ayer al juez, junto con el vídeo en el que el arquitecto Ignacio Vicens acusa a un edil del PP de cobrar comisiones. El Ayuntamiento anunció ayer que enviará al juez las acusaciones de Vicens y que se querellará contra él por supuestas injurias o calumnias.

Varios artistas urbanos, agredidos por la Policía Municipal

Madrid, 14 de mayo 1990

Una decena de integrantes del colectivo de artistas Promotora Urbana de Madrid (PUM), que todos los domingos y días festivos se reúnen en la plaza Vara del Rey, en la zona del Rastro, para realizar sus obras de pintura, escultura o música tuvieron ayer por la tarde su primer encontronazo con las fuerzas del orden público desde el principio de la iniciativa.

Los artesanos de la plaza de Santa Ana buscan trabajo tras la desaparición del mercadillo hace año y medio

Madrid, 13 de febrero 1991

La plaza de Santa Ana ha sido desde 1981, y hasta hace año y medio, el único lugar de Madrid donde los artesanos y amantes de su arte se encontraban. Después de que la presión de las ordenanzas municipales y los encontronazos con el concejal Ángel Matanzo consiguieron que los artesanos abandonaran la plaza, muchos han tenido que cambiar su profesión por la de mecánico o maestra. Otros intentan sobrevivir en el limbo. Hasta el momento, el rincón de Santa Ana no ha sido reemplazado adecuadamente en ningún otro lugar.

Descalificada una opositora a un puesto en el Ayuntamiento por haber trabajado con los socialistas

Madrid, 19 de febrero 1991

La descalificación de una aspirante en las oposiciones al Ayuntamiento de Madrid para cubrir tres puestos de especialistas en medicina interna ha provocado que dos vocales que representaban a la corporación se hayan retirado del tribunal calificador. En una reunión del tribunal, un examinador afirmó que una de las aspirantes —que ya había trabajado en la sanidad dependiente del Ayuntamiento— "no valía, y a pesar de ello había sido contratada por la corporación social comunista". Tal afirmación figura textualmente en el acta del 11 de febrero pasado.

Los decomisos del concejal de centro, Ángel Matanzo, abarrotan tres almacenes municipales

Madrid, 10 de marzo 1991

La alarma la dió el derrumbe de varias cajas repletas de perritos nadadores, grilletes de policías, cintas piratas y candados sin llave. Estaban apiñadas en una habitación del centro cultural de Lavapiés, una de las tres dependencias municipales colmadas por los miles de objetos decomisados en año y medio por el concejal de Centro, Ángel Matanzo. "Aquí no cabe nada más. Algo habrá que hacer con esto", pensó el funcionario que estuvo a punto de quedar sepultado bajo los artículos intervenidos. Y se va a hacer. El Ayuntamiento sacará a subasta en breve un lote de decomisos compuesto por 40 bicicletas, dos escopetas, herramientas, radios, cinturones...

Matanzo ordena a la policía tres intervenciones y pide que se le informe en una discoteca

Madrid, 5 de abril 1991

Un total de once bocadillos, 42 latas de bebidas y 20 rollitos de primavera —comida típica china— fue el botín obtenido por la Policía Municipal en una intervención ordenada en la madrugada del pasado lunes por el presidente de la Junta de Centro, Ángel Matanzo. El concejal del PP solicitó aquella noche a los agentes dos servicios más y pidió al jefe del turno que fuera a una discoteca a darle las novedades. El responsable policial no acudió a la cita.

La Junta electoral de Madrid suspende la entrega de credenciales a los nuevos concejales hasta que se aclare el fraude del voto por correo

Madrid, 12 de junio 1991

Las irregularidades observadas en 9.170 votos por correo emitidos en Madrid ha llevado a la Junta Electoral a suspender la entrega de credenciales a los ediles electos en la capital, a enviar al Juzgado de Guardia la documentación del caso y anunciar que si algún partido presenta un recurso contencioso-electoral se paralizará la formación del nuevo Ayuntamiento y la elección del alcalde. Precisamente, ayer el PSOE adelantó que el viernes presentará tal recurso.

El recurso del PSOE contra 10.000 votos por correo retrasa la constitución del Ayuntamiento

Madrid, 14 de junio 1991

El PSOE presentó anoche, un cuarto de hora antes de que se agotase el plazo legal, un recurso contencioso-electoral para exigir la anulación de 10.071 votos por correo que fueron tramitados desde sedes del PP en la capital. La reclamación del PSOE fuerza al aplazamiento de la constitución del Ayuntamiento, prevista para el sábado. Los populares, que no han querido anticipar su defensa, aseguran que el recurso no va a prosperar.

El vocal del PP acusado de extorsión, insinuó que los técnicos municipales son sobornables

Madrid, 15 de julio 1991

Emilio Félix Fernández Salcedo, vocal del PP en el distrito de Moncloa, acusado de extorsión por el propietario de un bar, insinuó a éste, en el curso de una conversación, que los técnicos municipales pueden ser sobornados por medio de regalos y prebendas. En el diálogo, que fue grabado por la Policía, el vocal dejó entrever que el hostelero podría agilizar la tramitación de una licencia a cambio de un viaje a París y un cuadro naïf.

Álvarez del Manzano se autoexculpa del fraude del voto por correo perpetrado por el PP

Madrid, 8 de agosto 1991

El alcalde de Madrid, José María Álvarez del Manzano, se ha apresurado a desmarcarse del caso del fraude en el voto por correo que ha salpicado al Partido Popular. Después de que el notario Alberto Ballarín haya reconocido ante el juez que 3.400 sufragios remitidos desde sedes del PP se habían legitimado con su firma falsificada, Álvarez del Manzano se autoexculpó ayer de cualquier vinculación con presuntas manipulaciones electorales. "Ninguno de los candidatos conocíamos la estructura interna y administrativa de la campaña, ni como se gestionaban los votos", alegó el regidor.

El PP critica a Matanzo por sus propuestas para solucionar los problemas de su distrito

Madrid, 12 agosto 1991

El presidente del Partido Popular de Barcelona, Alex Vidal Quadras, calificó ayer de "disparatada" la actitud de Ángel Matanzo, concejal conservador del Ayuntamiento de Madrid. Matanzo se ha mostrado dispuesto a fletar autocares para trasladar a las prostitutas del distrito de Centro a ciudades como Barcelona o Sevilla. Vidal Quadras ironizó ayer sobre esta propuesta y dijo que enviar "a las prostitutas y yonquis a Barcelona o Sevilla no arreglaba los problemas de este barrio Madrileño".

El CDS califica de antidemocrática la actitud del PP para limpiar el centro de Madrid

Madrid, 15 de agosto 1991

El partido de Centro Democrático y Social (CDS) ha calificado de antidemocrática la actitud del PP en el Ayuntamiento de Madrid por "querer limpiar la ciudad de prostitutas, mendigos y maleantes", utilizando un método "canallesco y fascista". Añade que los populares "prefieren la prostitución de alto standing".

El concejal de Personal del Ayuntamiento de Madrid designa a un dirigente 'ultra' como asesor jurídico

Madrid, 20 de agosto 1991

El nuevo concejal de Personal del Ayuntamiento de Madrid, Antonio Moreno, ha designado a Miguel Bernard Remón, abogado de 49 años y secretario general del Frente Nacional, (anteriormente Fuerza Nueva) como asesor jurídico de su concejalía. Bernard es funcionario municipal desde hace 20 años y miembro del comité de empresa durante once en representación de Fuerza Nacional del Trabajo (FNT). En 1982, Tierno Galván le suspendió de empleo y sueldo por haber acusado de malversación a los entonces concejales socialistas Joaquín Leguina y José Barrionuevo.

Concejales del PP califican de error nombrar asesor a un dirigente 'ultra'

Madrid, 21 de agosto 1991

Un sector del equipo de gobierno popular del Ayuntamiento de Madrid se mostró ayer contrario a la designación del secretario general del Frente Nacional, Miguel Bernard, como asesor jurídico, realizada por el concejal de Personal Antonio Moreno, según manifestaron "en privado" a la agencia Europa Press. Este grupo de concejales no pusieron en duda la capacidad profesional de Bernard, aunque no consideraron oportuna su elección.

La asociación antiabortista Adevida, la más subvencionada por el Ayuntamiento de Madrid

Madrid, 30 de agosto1991

La asociación antiabortista Adevida es la más favorecida por las subvenciones otorgadas este año por la concejalía de Servicios Comunitarios (antes Servicios Sociales) del Ayuntamiento de Madrid. Adevida, un grupo creado en 1979 para oponerse a la Ley sobre la Despenalización del Aborto, ha recibido once millones de pesetas, más del 12 por ciento de los casi 89 millones de pesetas concedidas hasta el momento. La Cruz Roja y Cáritas ocupan el tercero y cuarto lugar, respectivamente, en la relación de organizaciones subvencionadas por este departamento.

Matanzo quiere imponer la prueba del sida a las prostitutas de la capital

Madrid, 4 de septiembre 1991

El concejal del distrito Centro, Ángel Matanzo, dijo ayer a la agencia Europa Press que Jesús Gil y Gil, alcalde de Marbella, le había dado una buena idea: hacer la prueba del sida a todas las prostitutas de Madrid. Matanzo sugirió hace dos días al concejal de Sanidad, Simón Viñals, que el Ayuntamiento se encargara de esta campaña.

El Defensor del Pueblo descalifica la propuesta del alcalde de usar los antecedentes para cribar a los realojados

Madrid, 25 de septiembre 1991

El Defensor del Pueblo, Álvaro Gil-Robles, ha descalificado el criterio del alcalde de Madrid, José María Álvarez del

Manzano, según el cual los antecedentes delictivos de una persona podrán ser utilizados para negarle una vivienda de realojamiento. El alcalde expuso ese citerio la pasada semana, después de virulentas protestas de una parte de los vecinos de Villaverde contra el realojamiento de 18 familias gitanas. Gil-Robles ha preguntado por escrito al alcalde si se ratifica en esa opinión, a lo que Álvarez del Manzano contestó afirmativamente.

Matanzo dirige el tapiado del solar de Concepción Jerónima, foco de drogadicción

Madrid, 27 de septiembre 1991

El concejal de Centro, Ángel Matanzo, dirigió ayer personalmente las labores de limpieza y tapiado del solar de Concepción Jerónima, número 20, donde antes del verano se hallaba un edificio protegido que fue derruido ilegalmente. Este terreno se había convertido en albergue de mendigos y lugar de reunión de drogadictos.

El coste de vida en Madrid es el séptimo más caro de las grandes ciudades del mundo

Madrid, 27 de octubre 1991

Los restaurantes de Madrid son los más caros del mundo tras los de Tokio, según un estudio comparativo de la Unión de Bancos Suizos (UBS) que sitúa a la capital de España como la séptima ciudad con los costes de vida más elevados. En el informe, los madrileños salen beneficiados en cuanto a días de vacaciones pagadas, (no hay otra ciudad que los supere), aunque el poder adquisitivo de su salario queda en un lugar más bien discreto. Madrid resulta la ciudad menos recomendable para comprar electrodomésticos y donde la ropa de hombre es más cara que en París o Milán.

Un joven madrileño denuncia por malos tratos a un policía municipal que le detuvo por error

Madrid, 17 de enero 1992

Oscar Fernández volvía a su casa del barrio de Lacoma el martes por la noche. El estudiante de 18 años, se había encontrado con varios coches de policía en la cercana avenida del Cardenal Herrera Oria. Habían robado en una zapatería, le dijeron. El joven comenzó a correr, como cada noche, y cerca de su casa se encontró con un Policía Muncipal de frente, que, sin mediar palabra, le apuntaba con una pistola. El chico asegura que el agente le dió un par de patadas y le detuvo pese a sus explicaciones. Cuando se aclaró el malentendido, los agentes le despidieron: "la próxima vez, no corras".

El Ayuntamiento amenaza a la Banda Sinfónica Municipal por participar en un paro

Madrid, 23 de enero 1992

Los profesores de la Banda Sinfónica Municipal se suben por las paredes. El pasado martes recibieron una nota del Área de Personal del Ayuntamiento que les pedía explicaciones por el plante del pasado 5 de noviembre, fiesta de la banderita. Ese día, los músicos ocuparon sus asientos en la plaza de la Villa pero no abrieron sus partituras: no habían podido ensayar, dijeron, por no tener local adecuado. Ahora siguen sin sede fija, sin hueco en la programación del Madrid 92, y además se enfrentan a un eventual expediente. "Si es así como nos quieren promocionar, pues vale", comentan.

El conductor drogadicto que mató a dos policías en la M-30 dice no recordar nada

Madrid, 24 de febrero 1992

Francisco Espí Luna, el conductor toxicómano de 24 años que, embistió en la ronda de circunvalación M-30, con una furgoneta robada, a un vehículo radar de la policía local cuyos dos agentes resultaron muertos por aplastamiento, ha asegurado al juez que no recuerda nada de lo sucedido. "Sólo recuerdo que me desperté en el hospital y allí me contaron lo sucedido", asegura en su declaración.

Madrid no tiene pisos decentes en alquiler por menos de 80.000 pesetas al mes

Madrid, 4 de marzo 1992

El mercado de pisos o apartamentos en alquiler de Madrid no contiene ninguna oferta minimamente aceptable por menos de 80.000 pesetas, según un estudio realizado por la Unión de Consumidores y Usuarios de España, (UCE), sobre los 7.528 anuncios que han aparecido en periódicos y prensa especializada durante los meses de enero y febrero. El 90 por ciento de las viviendas en oferta visitadas por la UCE dispone de una superficie media de 54,33 metros cuadrados.

Madrid gasta seis veces menos que Helsinki en servicios sociales

Madrid, 6 de marzo 1992

El departamento de servicios sociales de Helsinki, (Finlandia), ciudad con medio millón de habitantes, gasta anualmente en bienestar social 66.000 millones de pesetas, señaló ayer en Madrid, Kari Huttunen, técnico de ese departamento municipal de la capital finlandesa. La cifra es aproximadamente seis veces mayor que la dedicada en la ciudad de Madrid a ese apartado.

El concejal de Seguridad ordena a la Policía Municipal que no acompañe a Matanzo en sus salidas nocturnas

Madrid, 7 de marzo 1992

El alcalde de Madrid, José María Álvarez del Manzano, volvió a coger el extintor de desavenencias internas. El concejal de Seguridad, Carlos López Collado, y el presidente de la Junta de Centro, Ángel Matanzo, se han enzarzado en una polémica pública sobre el control de la Policía Municipal. López Collado ordenó ayer a sus agentes que no acudan a las llamadas de Matanzo sin que haya "un motivo correcto", y aún así, "dependerá de las necesidades del momento". El alcalde conminó una vez más al presidente de Centro a que "no dé publicidad a sus opiniones".

Un pirómano quema seis coches en una hora en las calles de Madrid

Madrid, 24 de marzo 1992

Seis turismos aparcados en calles céntricas de Madrid ardieron parcialmente en la madrugada de ayer en media hora. La Policía Municipal atribuye los fuegos a las manos de una misma persona. Los incendios ocurrieron entre las 4,15 y las 4,40 en seis turismos aparcados en las calles del Pez, de la Luna, Pizarro, Corredera Baja y Corredera Alta de San Pablo.

El 50 por ciento de las personas que buscan casa en Madrid tendrá que vivir fuera de la capital

Madrid, 5 de abril 1992

El número total de viviendas que deberían construirse entre 1991 y 1998 en Madrid para satisfacer tanto las necesidades como la reposición de los pisos ascienden a 184.000 unidades, según los estudios realizados por la Gerencia de Urbanismo. Estos análisis recalcan que, dado que se construyen en Madrid unas 11.000 residencias al año, el 50 por ciento de las familias necesitadas de nueva vivienda tendrían que irse a vivir fuera del casco urbano en los próximos años.

El taxista madrileño, José Antonio Cifuentes Sánchez, en estado grave tras ser apuñalado

Madrid, 21 de abril 1992

El taxista madrileño José Antonio Cifuentes Sánchez, de 52 años, estaba enfurecido la semana pasada por el asesinato de un compañero. Ayer la sangre le salpicó a él. En una calle del distrito de Chamartín, dos hombres le atravesaron el hígado y el pulmón a las cinco de la madrugada, y su estado es grave. La noticia provocó que el Ayuntamiento convocase una comisión para el jueves que "tomará medidas". Los taxistas exigen de inmediato que se les subvencionen las mamparas protectoras.

Manuel Vargas, tercer taxista apuñalado en Madrid en ocho días

Madrid, 22 de abril 1992

El taxista Manuel Vargas Velasco, de 39 años de edad, se encontraba ayer hospitalizado en estado grave tras haber sido apuñalado por la tarde por el usuario Antonio Pérez González, de 77 años. Este es el tercer apuñalamiento de un taxista que se produce en Madrid en apenas ocho días.

El PP arguye que sus túneles le dan votos

Madrid, 30 de abril 1992

El PP seguirá construyendo pasos subterráneos porque dan votos. Ayer aprobó dos en el pleno municipal y tiene otros siete en cartera. Además, el concejal de Obras, Enrique Villoria, recomendó al PSOE que abandonaran su actitud crítica hacia los túneles si no quiere "distanciarse de los votantes". Los socialistas se opusieron al túnel que va a construir el Ayuntamiento bajo la plaza del Conde de Casal "porque se pagará duplicando el precio de los aparcamientos".

Matanzo, suspende las madrugadas del teatro Alfil, tras el estreno de una obra que le caricaturiza

Madrid, 13 de enero 1993

El concejal presidente del distrito Centro, Ángel Matanzo, ordenó el pasado día 7 suspender la programación de madrugada del teatro Alfil, tres días después del estreno de la obra 'Cabaret Castizo'. de Eduardo Fuentes, cuyos protagonistas son un oso, un madroño y un sheriff local que aborda los problemas de la ciudad de una manera un tanto personal. Matanzo confirmó anoche estos hechos y amenazó con emprender acciones administrativas contra la sede de la cadena SER.

Seis muertos por una obra ilegal en el cine Bilbao

Madrid, 28 de enero 1993

La calle de los cines de Madrid, la calle Fuencarral, protagonizó anoche una mala película. La gran marquesina de la sala Bilbao se desplomó sobre la cola de espectadores que, a las siete, esperaban entrar para ver 'Sister Act', ('Una monja de cuidado'). Los cascotes mataron a seis personas —un hombre y su hijo de 10 años entre ellos— y causaron heridas muy graves a otras cuatro, y menos graves a siete. Tres obreros cambiaban a esa hora un inmenso cartel sobre la marquesina, en una obra sin licencia municipal. Los operarios, el andamiaje, dos cartelones y la marquesina se precipitaron fatalmente sobre la gente.

El juez desconoce aún las causas del derrumbe en el cine Bilbao

Madrid, 31 de agosto 1993

El pasado 27 de enero fue un día de luto para la ciudad, con la muerte de seis personas a las que se les cayó encima la marquesina del cine Bilbao. El caso, siete meses después, sigue oscurecido. Los protagonistas directos o indirectos del suceso no tienen ninguna noticia, y alguno, como el cartelista responsable legal de los trabajos, ha fallecido por enfermedad. El juez mantiene abierto el caso porque no ha podido aún esclarecer ni las causas ni los posibles culpables de aquel derrumbamiento, pese a los distintos informes periciales.

Álvarez del Manzano destituye a Ángel Matanzo

Madrid, 17 de febrero 1993

El distrito de Centro tiene nueva concejal. José María Álvarez del Manzano quería para ese cometido una persona menos individualista que Ángel Matanzo y "con una condiciones adecuadas de moderación y templanza". Ha elegido a María Antonia Suárez Cuesta, de 59 años, que compaginará el nuevo cargo con la Junta de Tetuán. Matanzo ha sido la víctima de la crisis y Pedro Ortiz, ex concejal de Cultura, el mártir. Ambos se quedan como asesores. Sus puestos serán "deliberantes".

El cadáver de la joven de San Blas desaparecida yacía junto al camino por el que volvía a casa

Madrid, 26 de febrero 1994

Unos trabajadores que allanaban el terreno a las afueras de Madrid, en el camino de Vicálvaro a Coslada, encontraron en la mañana de ayer el cadáver de Susana Ruiz, de 16 años. La joven llevaba la misma ropa que vestía cuando desapareció, el 10 de enero pasado. Su cuerpo estaba en avanzado estado de descomposición y semienterrado a 400 metros de donde se le perdió la pista, cuando volvía a casa, de noche, de una fiesta de cumpleaños.

El Ayuntamiento adjudicó a dedo dos contratos en 1992 eludiendo la ley

Madrid, 2 de marzo 1993

La Comisión Municipal de Vigilancia de la Contratación ha solicitado al alcalde, del PP, que aclare dos adjudicaciones directas en las que se superó con mucho el límite económico marcado por la Ley General de Contratos del Estado. El Ayuntamiento concedió a dedo el 92 por ciento de los contratos de obras y asistencias técnicas que precisó en 1992. Esta costumbre era criticada por el alcalde cuando estaba en la oposición, y ahora es utilizada para distintas inversiones, subdivididas hasta en cinco expedientes para eludir los topes.

Un diputado del PP y su esposa, empleada de la EMV, obtuvieron un piso municipal

Madrid, 10 de marzo 1993

El diputado regional del PP, Jesús Valverde, de 29 años, y su esposa Pilar Acedo, secretaria de dirección de la Empresa Municipal de la Vivienda, (EMV), renunciaron ayer a la adjudicación de un piso del Ayuntamiento de Madrid. Ambos deseaban evitar "malas interpretaciones" despues de que Diario 16 publicase que Valverde forma parte de uno de los matrimonios agraciados en el sorteo de 233 viviendas baratas.

El informe oficial reconoce errores en un 30 por ciento de los pisos municipales adjudicados

Madrid, 25 de marzo 1993

La asesoría jurídica de la Empresa Municipal de la Vivienda (EMV) ha admitido en un informe que la documentación de un 30 por ciento de los 233 agraciados con viviendas municipales contenía errores. De los 68 casos irregulares, 25 lo son "absolutamente", mientras que los 43 restantes presentas errores que se podrían subsanar requiriendo más documentación a los interesados. Los expedientes del diputado regional del PP, Jesús Valverde, y de tres trabajadores municipales están entre los incorrectos.

IU detecta 124 expedientes irregulares de un total de 233 agraciados con pisos protegidos

Madrid, 30 de marzo 1993

El grupo municipal de Izquierda Unida entregó ayer al fiscal que investiga las irregularidades cometidas en la adjudicación de pisos de Precio Tasado de la Empresa Municipal de la Vivienda (EMV), 52 expedientes que "incumplen las condiciones básicas del concurso de la empresa municipal, de los 124 con anomalías detectados por la coalición".

Asimismo, IU indicó que otros 48 expedientes presentan errores en la documentación, a los que hay que sumar 24 que corresponden a parejas que no han acreditado la convivencia.

El "emparedado de Vallecas" murió a manos de un amigo

Madrid, 2 de abril 1993

Policías del Grupo V de Homicidios de la Comisaría de Vallecas han esclarecido el crimen del "emparedado de Vallecas", un hombre que murió a golpes de pico en la cabeza y cuyo cadáver fue ocultado tras una pared en una casa abandonada de este barrio madrileño. Segun declaró un detenido, la víctima, Agapito Arenas, murió a manos de un amigo, no se sabe si en el transcursos de una pelea o para robarle 20.000 pesetas.

Ni los médicos ni un juez creyeron que el asesino de mendigos era un criminal

Madrid, 28 de junio 1994

La violencia de Francisco García Escalero no tiene una motivación de venganza, celos o robo, ni es reactiva en defensa de su vida, de su dignidad o de su propiedad; es una violencia gratuita, sin motivo aparente. Es tan sólo la respuesta a unos impulsos y a una dinámica patológica, es como si el motivo fuera solamente el matar, el destruir la vida. Los forenses Juan José Carrasco Gómez y Luis Segura Abad dibujan así la personalidad de Francisco García Escalero, el asesino de 14 indigentes.

El fiscal concluye que ha habido "desorden e irreflexión", pero no delito, en la concesión de pisos municipales

Madrid, 31 de julio 1993

Mariano Fernández, fiscal jefe del Tribunal Superior de Justicia de Madrid, ha decretado el archivo de la investigación que abrió a iniciativa propia en marzo pasado sobre el concurso municipal para la adjudicación de 233 viviendas. El fiscal aseguró ayer a EFE que no había encontrado responsabilidad penal alguna en el proceso, aunque señala que se había producido "tal cúmulo de irregularidades" que, "sin llegar a constituir una palmaria infracción de las normas penales (...), sí constituye ejemplo de gestión desordenada e irreflexiva de los intereses públicos".

Los Comerciantes del Rastro cerraron para luchar contra la droga

Madrid, 21 de septiembre 1993

Casi todos los comercios de la zona de Tirso de Molina y parte de Lavapiés echaron, ayer por la tarde, la persiana antes de lo habitual en protesta por la inseguridad que vive la zona, por la constante presencia de toxicómanos y traficantes en estas calles. Poco después, a las ocho de la tarde, unos 2.000 vecinos y tenderos se manifestaron en la plaza de Tirso de Molina por este motivo, que arrastra ya varios meses de protestas.

300 funcionarios municipales asaltan la Casa de la Villa para reclamar una paga suprimida

Madrid, 28 de septiembre 1993

Cuatro policías municipales heridos, dos puertas rotas y 55 concejales asustados. Fueron las huellas que dejaron a su paso los 300 funcionarios del Ayuntamiento de Madrid que ayer tomaron por la fuerza el Patio de Cristales, una habitación contigua al salón de plenos. La invasión fue rápida —menos de cinco minutos—, pese al intento de algunos agentes de utilizar bancos como muros de contención. A las doce del mediodía, los manifestantes habían conquistado el patio. A escasos metros se celebraba un pleno donde el alcalde, José María Álvarez del Manzano, presentaba el decreto que suspende la tercera paga, (un tercio del sueldo) comprometida en convenio. El PP rechazó la propuesta socialista de que se pague lo pactado. Los dos ediles populares que han amenazado con fugarse al grupo mixto salieron del pleno para no votar la supresión de la paga, y el alcalde salvó la mayoría gracias a la ausencia de un edil del PSOE.

La policía irrumpe tres veces en dos horas en una discoteca

Madrid, 31 de enero 1994

La Policía Municipal fue la principal atracción del pasado sábado en la discoteca 'Atocha 38', anteriormente llamada 'Consulado'. Y no pagaron. En menos de dos horas, los agentes irrumpieron tres veces en la sala para efectuar otras tantas redadas. El resultado: dos detenidos por tráfico de drogas, una pareja arrestada por consumir cocaína y agredir a los agentes y 16 menores identificados por consumir alcohol.

Cae una banda que apaleaba homosexuales en el Retiro

Madrid, 21 de febrero 1994

La Policía detuvo el pasado fin de semana a 16 hombres que apaleaban y robaban a homosexuales en el parque del Retiro. La banda actuaba en la madrugada desde hace un mes. Los detenidos también son acusados de los hurtos y desperfectos en las instalaciones deportivas de La Chopera.

Madrid revalida su título europeo de capital de la basura

Madrid, 23 de febrero 1994

Las boñigas de perro y la propaganda derramada han llevado a Madrid un año más al título de capital europea más sucia, en esta ocasión empatada con Atenas (que no entró en el estudio anterior). El informe anual que concede este "galardon" fue presentado ayer en Londres por la fundación independiente Tidy Britain Group (Grupo Pro Gran Bretaña Limpia), una entidad subvencionada por el Ministerio de Medio Ambiente y presidida a título honorífico por la reina de Inglaterra.

El PP "regala" 300 millones al socio que compró la funeraria municipal por 20 duros

Madrid, 31 de marzo1994

La varita mágica de los gestores privados de la funeraria municipal han convertido el negocio de la muerte en Madrid en una auténtica bicoca. Adueñarse de la gestión de la empresa mixta le costó a Funespaña 20 duros —luego invirtió 200 millones de pesetas en una ampliación de capital— y ahora recibirá al menos 300 millones.

Esta cantidad corresponde al 20 por ciento de los beneficios reales (1.492 millones) a que tiene derecho Funespaña por su participación. Los gestores atribuyen el "milagro" al recorte de gastos y al aumento de ventas, pero IU considera que se han cometido irregularidades. (...) Funespaña desembarcó hace un año y medio en la Empresa Mixta Municipal de Servicios Funerarios con cien pesetas en una mano y el monopolio de enterramietos en Madrid en la otra. El PP decidió vender el 49 por ciento de la compañía porque en 1992 perdió 371 millones.

Un vecino halla un cadaver sin ojos y con 70 puñaladas

Madrid, 1 de abril 1994

El perro Felipe dejó de atender a las llamadas de su dueño cuando encontró en una zanja el cadáver de un hombre de unos 30 años, con lòs ojos arrancados y el pecho cosido por unas 70 puñaladas. (...) La policía desconoce la identidad de la víctima, pero apunta un crimen sexual.

El PP niega una placa a Dolores Ibárruri

Madrid, 30 de abril 1994

Muchos madrileños no soportarían la intromisión de cuatro generales republicanos —Rojo, Miaja, Escobar y Plaza—, que lucharon en la defensa de Madrid (1936-1939), en el callejero, según el Partido Popular. Por eso, el alcalde y sus 29 concejales decidieron ayer imponer un veto —"mientras yo presida esta corporación municipal", acotó Álvarez del Manzano— a la nominación de vías con personas y hechos relacionados con la guerra civil. Tras tumbar en pleno la propuesta de la oposición (IU y PSOE) sobre los cuatro militares constitucionales, el PP también negó una placa conmemorativa para la casa donde vivió Dolores Ibárruri, Pasionaria, que fue hasta su muerte, en 1989, presidenta del Partido Comunista de España.

La Policía denuncia a la clínica de La Fraternidad por no auxiliar a un herido

Madrid, 7 de mayo 1994

La clínica La Fraternidad hizo trizas su nombre, a tenor de una denuncia presentada por la Policía Municipal de Madrid, sobre un episodio sangriento ocurrido a mediados de abril. Un sargento que actuó tras un intento de asesinato afima que en esta clínica se negó auxilio a un hombre herido por dos balazos. "Esto es una clínica privada de traumatología, vayan a la Seguridad Social", dijeron. Ni siquiera la mención de la palabra "humanidad" por el sargento logró resultados.

El Ayuntamiento traslada a 70 chabolistas a un campo de trigo junto al vertedero

Madrid, 10 de mayo 1994

El Ayuntamiento de Madrid trasladó ayer a chabolistas desde San Blas hasta la Cañada Real Galiana, para lo que ocupó un campo de trigo sin permiso de la Comunidad. Se trata de 33 chabolas ilegales, (no censadas) de Camino de los Toros (situado junto a Los Focos). El municipio se encargó de la mudanza y de instalar una fuente.Los vecinos de la zona cortaron la carretera durante dos horas para mostrar su replusa. El terreno, sin urbanizar, está cerca del vertedero de basuras y de la incineradora de Valdemingómez.

36 familias, el doble que el año pasado, son desahuciadas por impago

Madrid, 6 de junio 1994

Los desahucios de inquilinos que no pagan las rentas o de propietarios de casas que no pueden abonar sus hipotecas se ha duplicado este año en Madrid respecto a los meses de mayor actividad del año pasado. La oficina de notificaciones y embargos de los juzgados de la plaza de Castilla ejecuta diariamente una media de 36 desalojos, cuando en 1993 la jornada más ajetreada no pasó de los 18.

Las asociaciones culturales suspenden al

Ayuntamiento

Madrid, 7 de junio 1994

La asamblea de las doce asociaciones culturales que funcionan en la región de Madrid ha concluido que la política cultural del Ayuntamiento ha fracasado. "Mientras los barrios periféricos no tienen desarrollo cultural, el municipio monta una exposición de Botero debido a la imagen internacional que proyecta", critica Tomás Alberich, presidente de la Confederación de Asociaciones Culturales, que reúne a unos 1.500 afiliados.

Dos estudiantes asesinan a un hombre siguiendo las instrucciones de un juego de rol

Madrid, 8 de junio 1994

Dos estudiantes del barrio de Chamartín, en el norte de Madrid, no supieron dónde terminaba el juego y comenzaba la realidad. El jefe del juego de rol —una diversión de moda que consiste en vivir aventuras imaginarias en torno a una mesa— había ordenado matar a un hombre "débil, gordito y mayor". Dos de los jugadores, el propio jefe y otro participante, siguieron esas instrucciones al pie de la letra. Según la Policía, es la explicación del hallazgo, el pasado 30 de abril de un cadáver con 20 puñaladas en un descampado del barrio de Hortaleza.

"¡La gente viene sin que les llamemos!", dice el alcalde tras un accidente con magrebíes

Madrid, 9 de junio 1994

Una explosión de gas que hirió a siete personas ayer por la mañana en un barrio de infraviviendas de Tetuán tambaleó la conciencia del alcalde, José María Álvarez del Manzano, en el mismo lugar de los hechos. "Hay 100.000 personas que vienen a Madrid y se ponen a vivir. ¿Por qué no se quedan en sus países o en sus pueblos?". En la zona viven, en penosas condiciones de vida, magrebíes que pagan entre 5.000 y 12.000 pesetas mensuales por casuchas como las dos que ayer se derrumbaron. El alcalde exclamó: "¡la cantidad de gente que viene a Madrid sin que les llamemos!".

Un recluso aprovecha sus permisos para atracar a vecinos

Madrid, 4 de septiembe 1994

Javier P. M., de 24 años, fue detenido por la policía por atracar a sus vecinos del barrio de la Ciudad de los Ángeles cada vez que le concedían un permiso de fin de semana en la cárcel de Carabanchel en la que está recluido.

La trama Ibercoop defraudó 69 millones a la Comunidad con simples fotocopias

Madrid, 16 de octubre 1994

La Comunidad de Madrid pagó el papel a precio de oro: hasta 110.00 pesetas por folio fotocopiado. Quien se benefició fue el grupo Ibercoop, cuyo principal promotor, Cipriano Uceda Aragoneses, figuró hasta 1989 como socio fundador de Ibercoop con Juan Navarro, director regional de Empleo de la Cominidad. Entre 1989 y 1991, la Consejería de Economía gastó más de 69 millones de pesetas en subvencionar la ejecución de 22 estudios técnicos.

Pero estos supuestos trabajos de asesoramiento encargados al grupo Ibercoop, que trataban de justificar la viabilidad de proyectos empresariales para captar ayudas públicas eran falsos. La Consejería de Economía los define así: "Volúmenes vacíos de contenido, que no son en su mayor parte más que simples copias o fotocopias, y que no merecen otro calificativo que el de fraudulentos", según concluye la investigación interna abierta en junio de 1993 por este departamento.

Madrid es la ciudad más cara para equipar a un niño

Madrid, 12 de septiembre 1994

Según la Unión de Consumidores de España, (UCE), Madrid es la ciudad más cara del país para equipar a un escolar en su vuelta a las aulas. Enviar a un niño a un colegio privado —sin contar las mensualidades— puede llegar a costar 140.000 pesetas, (20.000 más que en el resto de España, salvo Cataluña). Si el colegio es concertado, el precio máximo es de 100.000 pesetas, y si el niño va a un colegio público, los costes se reducen, pero es difícil gastarse menos de 20.000 pesetas en los primeros días. Se incluyen los precios de uniformes, libros, material escolar, transporte escolar y comedores.

El PP pide luz verde para las investigaciones de la Asamblea, pero las niega en la capital

Madrid, 22 de septiembre 1994

El Partido Popular pretende que los diputados autonómicos investiguen presuntos escándalos políticos de la región con las puertas abiertas. Al mismo tiempo, ha comunicado al portavoz del PSOE en el Ayuntamiento, Juan Barranco, que rechaza su petición de que se investiguen las últimas oposiciones municipales de la capital, en las que se han producido sospechas de nepotismo y amiguismo.

"Me miró como los perros rabiosos", dice el policía que mató a un detenido

Madrid, 24 de octubre 994

La Audiencia de Madrid comenzó ayer a dilucidar si el policía municipal que mató el 23 de agosto de 1991 a Juan Andrés González, de 33 años, disparó en legítima defensa o, por el contrario, cometió un homicidio o asesinato. Tras una persecución por el robo de un coche, y cuando ya estaba acorralado y semiesposado en un portal del barrio del Pan Bendito (distrito de Carabanchel), un policía municipal disparó, durante un forcejeo, a Juan Andrés. "Me miró como un perro rabioso, con los dientes apretados, con odio", espetó ayer el policía para explicar su reacción

Un edil del PP gasta dinero público en un semanal franquista

Madrid, 1 de octubre 1994

El concejal de Circulación y Transportes de Madrid, José Antonio García Alarilla, reconoció ayer que paga con dinero público, desde hace tres años, una suscripción anual (13.000 pesetas) al semanario franquista La Nación, (subtitulado Semanario Nacional Independiente). En el último número, se leen artículos encabezados con frases como "Franco tenía razón", y anuncios de publicaciones filonazis.

Taxistas madrileños mueren asesinados en la misma noche

Madrid, 22 de noviembre 1994

Los taxistas de Madrid Felipe García Fernández y Federico García Nogal murieron en la misma noche asesinados en el interior de sus vehículos y en dos calles muy próximas del centro de Madrid. Las circunstancia de la muerte —ambos fallecieron a causa de disparos efectuados con la misma arma— y la cercanía de los lugares en los que se hallaron los cadáveres, hace suponer que se trataba del mismo, o los mismos asesinos quienes habían cometido los dos crímenes. La Policía detiene a las pocas horas a un marroquí como presunto autor del doble asesinato.

Un taxista de 54 años muere arrollado por un camionero tras una fuerte discusión de tráfico

Madrid, 16 de diciembre 1994

Sólo un hombre, de unos 40 años, vió realmente lo que sucedió ayer por la mañana en la cale Llano Castellanos de Fuencarral. Es al parecer el único testigo y el que se encargó de detener al camionesro que arrolló y mató con su vehículo a un taxista tras mantener con él una fuerte discusión de tráfico. Este fue el primer atropello que se produjo ayer. A él le siguieron otros cinco en un margen no superior a seis horas. En estos últimos casos ningún peatón falleció.

Asesta cinco puñaladas a un hombre porque le miraba mal cuando jugaba en una tragaperras

Madrid, 29 de diciembre 1994

La Policía detuvo ayer a un hombre de 42 años después de que supuestamente apuñalara a un hombre de 61 años durante una discusión a las puertas de un bar de la madrileña calle Ronda de Valencia. La disputa se inició, según la declaración del detenido, José Luis C. S., cuando se disponía a jugar una partida en la máquina tragaperras y observó que la víctima, Manuel M. A., "le miraba mal". Esto fue el origen de una discusión que terminó con los dos hombres en la calle. La pelea degeneró en una reyerta y, supuestamente, el detenido apuñaló a la víctima en el abdomen.

EPÍLOGO

HIMNO DE MADRID

Por Agustín García Calvo

Yo estaba en el medio:
giraban las otras en corro,
y yo era el centro.
Ya el corro se rompe,
ya se hacen estado los pueblos;
y aquí de vacío girando
sola me quedo.
Cada cual quiere ser cada una:
no voy a ser menos:
¡Madrid uno, libre, redondo,
autónomo, entero!
Mire el sujeto
las vueltas que da el mundo
para estarse quieto.

Yo tengo mi cuerpo:
un triángulo roto en el mapa
por ley o decreto
entre Avila y Guadalajara,
Segovia y Toledo:
provincia de toda provincia,
flor del desierto.
Somosierra me guarda del Norte y
Guadarrama con Gredos;
Jarama y Henares al tajo
se llevan el resto.
Y a costa de esto,
yo soy el ente autónomo último,
el puro y sincero.

¡Viva mi dueño!
que sólo por ser algo
soy madrileño.
Y medio del medio,
capital de la esencia y potencia,
garajes, museos,
estadios, semáforos, bancos,
y ¡vivan los muertos!:
¡Madrid, Metropol, ideal
del Dios del Progreso!
Lo que pasa por ahí, todo pasa
en mí, y por eso
funcionarios en mí y proletarios
y números, almas y masas
caen por su peso;
y yo soy todos y nadie,
¡político ensueño!
Y ése es mi anhelo;
que por algo se dice
"De Madrid, al cielo".

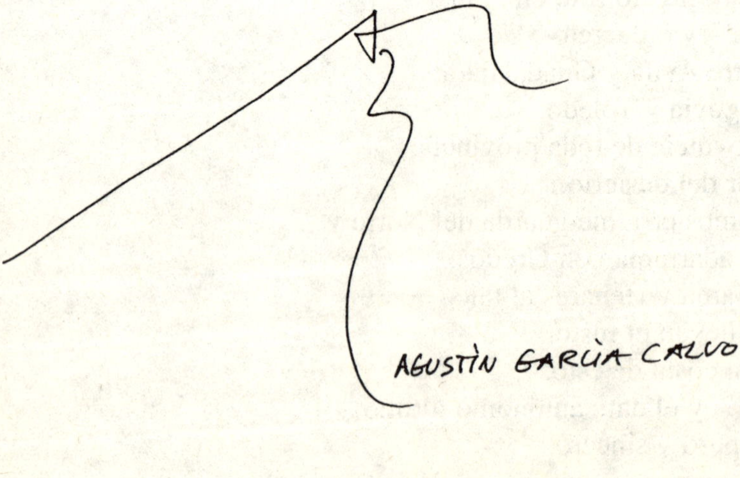